Auffangbauwerke

Betonbau beim Umgang mit wassergefährdenden Stoffen

Impressum

Herausgeber:
InformationsZentrum Beton GmbH
Steinhof 39, 40699 Erkrath
www.beton.org

Autoren:
Michaela Biscoping
Matthias Beck
René Oesterheld
Matthias M. Middel

Titelbild:
PASCHAL-Werk G. Maier GmbH

Gesamtproduktion:

www.verlagbt.de

Druck:
B.O.S.S Medien GmbH, 47561 Goch

VLB-Meldung

Biscoping, Michaela / Beck, Matthias /
Oesterheld, René / Middel, Matthias M.:
Auffangbauwerke
Betonbau beim Umgang mit
wassergefährdenden Stoffen
1. Auflage 2016
Erkrath: Verlag Bau+Technik GmbH, 2016

ISBN 978-3-7640-0611-2

Auffang bau werke

Betonbau beim Umgang mit wassergefährdenden Stoffen

Vorwort

Wasser bildet die Grundlage sämtlichen Lebens auf unserem Planeten – ohne Wasser wäre Leben nicht denkbar. Sauberes Grundwasser in ausreichender Menge ist Grundvoraussetzung unseres Wohlstands, der Hygienezustände, der Nahrungsqualität und damit des überdurchschnittlich guten Gesundheitszustands der Bevölkerung in Deutschland.

Produktionsprozesse in Landwirtschaft, Gewerbe und Industrie erfordern in vielen Bereichen den Umgang mit Stoffen, die die Wasserqualität stark beeinträchtigen können oder sogar für weitere Nutzung nahezu unbrauchbar machen. Aber dennoch sind leistungsfähige Gewerbe-, Industrie- und Dienstleistungsprozesse ebenso unerlässlich für eine moderne Leistungsgesellschaft wie sauberes Grundwasser.

Produktions-, Lagerungs- und Umschlagsflächen sind folgerichtig planerisch und baulich so zu gestalten, dass von den dort anfallenden Stoffen keine Gefahr für das Grundwasser ausgehen kann. Die chemischen, physikalischen und technischen Zusammenhänge sind vielschichtig und komplex. Dementsprechend umfangreich gestalten sich die in diesem Zusammenhang entstandenen Technischen Regelwerke und zugehörigen Gesetze und Verordnungen.

Für alle am Bau Beteiligten ergeben sich somit äußerst anspruchsvolle Bauaufgaben, die sicheren Umgang mit Baustoffen, Bauverfahren und der Regelwerkslage erfordern. Betonkonstruktionen nehmen bei der Lösung dieser Planungs- und Bauaufgaben eine zentrale Rolle ein.

Die vorliegende Broschüre soll als Arbeitshilfe die komplexen Zusammenhänge beim Umgang mit wassergefährdenden Stoffen auflösen und anhand von ausgewählten Beispielen die technischen und ordnungspolitischen Interaktionen darstellen.

Erkrath, im April 2016

Die Verfasser

1 Gesetze, Verordnungen, Technische Regeln

1.1 Allgemeines

1.1

Bauwerke für den Umgang mit wassergefährdenden Stoffen unterliegen bei Planung, Bau, Betrieb, Abbruch und Entsorgung gesetzlichen Regelungen und behördlichen Auflagen. Neben dem Baurecht sind auch das Wasserrecht, das Immissionsschutzrecht, das Gewerbe- und das Chemikalien- sowie das Abfallrecht zu berücksichtigen. Grundlage für die wasserrechtlichen Anforderungen ist der Besorgnisgrundsatz nach § 62 des Wasserhaushaltsgesetzes WHG [1]. Der Besorgnisgrundsatz verlangt, dass Anlagen zum Lagern, Abfüllen, Umladen (LAU-Anlagen) und Anlagen zum Herstellen, Behandeln, Verwenden (HBV-Anlagen) wassergefährdender Stoffe so beschaffen sein müssen, dass eine Verunreinigung des Wassers (Grund-, Oberflächen- und Küstenwasser) auszuschließen, d. h. nicht zu besorgen ist.

Diese Forderung wird gegenwärtig über die VAUwS (Verordnung über Anlagen zum Umgang mit wassergefährdenden Stoffen und über Fachbetriebe) der Länder ([2], Entwurf vom 27.01.2012) und zukünftig über die gleich lautende Bundesverordnung „Verordnung über Anlagen zum Umgang mit wassergefährdenden Stoffen" (AwSV) [3] durchgesetzt, deren Entwurf im Mai 2014 vom Bundesrat angenommen wurde. Diese wurde im Sommer 2015 zur Notifizierung bei der EU eingereicht, Stillhaltefrist war bis 21.10.2015. Momentan – Stand März 2015 – ist die AwSV immer noch nicht von der Bundesregierung umgesetzt worden. Jedoch liegt seit dem 18.03.2016 ein Kompromiss der einzelnen Bundesländer vor, sodass mit einer zeitnahen Umsetzung der AwSV gerechnet werden kann. Verlangt werden beispielsweise Dichtheit, Doppelwandigkeit sowie Auffangvolumen für den Schadensfall oder Fachbetriebspflicht beim Bau und bei Überwachungsanforderungen während des Betriebs. Die Forderung wurzelt im WHG [1], das die Verschmutzung des Wasserkörpers gleichwertig mit einer Gefährdung des menschlichen Lebens setzt. Daher kommt dem Schutz des Wassers auch konkret eine besondere Bedeutung zu, indem technisch die Dichtigkeit und die Standsicherheit der Anlagen als gleichwertig eingestuft werden.

Ergänzend zu den Forderungen aus dem WHG [1] und der VAUwS [2], die nur den allgemeinen rechtlichen und verwaltungstechnischen Rahmen formulieren, wird die technische Umsetzung mit Hilfe von Richtlinien, z. B. der DAfStb-Richtlinie „Betonbau im Umgang mit wassergefährdenden Stoffen" BUmwS [4] oder den TRwS-Regelungen (ehemals ATV-DVWK-A – Arbeitsblättern) der Deutschen Vereinigung für Wasserwirtschaft, Abwasser und Abfall e.V. (DWA), erreicht. Diese Regelwerke sind als technische Umsetzung wasserrechtlicher und bauordnungsrechtlicher Vorschriften zu sehen. Die DAfStb-Richtlinie [4] ist Grundlage dieser Broschüre.

1.2 1.2 Technischer und juristischer Hintergrund der Richtlinie

Die Richtlinie „Betonbau im Umgang mit wassergefährdenden Stoffen" des Deutschen Ausschuss für Stahlbeton (DAfStb) [4] regelt Planung und Umsetzung von Sekundärbarrieren aus Stahlbeton. Für eine fundierte Näherung an das Thema ist es zunächst notwendig, die Zusammenhänge zu verstehen.

Die gesetzliche Grundlage stellt in Deutschland das Wasserhaushaltsgesetz (WHG) [1] mit seiner Ausgabe vom 31.07.2009. Bereits in § 1 definiert das WHG Wasser als ein schützenswertes Gut, dem ein besonderer Schutz zukommen muss, da es die Grundlage für die Existenz von Pflanzen und Tieren, in der Konsequenz aber auch für den Menschen unverzichtbar ist. Dieses Gesetz ist nicht etwa für eine kleine ausgewählte Gruppe von Personen anzuwenden, ganz im Gegenteil: Folgt man dem Wortlaut des Gesetzes aufmerksam, so wird ein jeder von uns aufgefordert, alles zu tun, um eine nachteilige Veränderung des Grund-, Oberflächen- oder Küstenwassers durch sein eigenes Handeln zu verhindern. Bedenken wir alle Gelegenheiten, in denen wir dieser Forderung gerecht werden müssen, so wird deutlich, welch hohes Ziel zu erreichen ist. Gelegentlich können wir im täglichen Umgang beobachten, dass diese Forderung nicht allen Mitmenschen bewusst ist. Häufig beobachten wir eine Art von Bagatellisierung. Hin und wieder kann ein kleiner Hinweis hier Erstaunen auslösen. Wir stellen fest, dass das Umweltbewusstsein und damit verbunden auch der Umgang der Menschen mit dem Wasser zu einer deutlichen Verbesserung der Wasserqualität geführt haben. Betrachten wir die steigenden Grundwasserstände in einigen Regionen der Bundesrepublik, die ursächlich auf einen gesunkenen Wasserverbrauch zurückzuführen sind, so sehen wir durchaus eine Wirkung. Wenngleich steigende Grundwasserstände wiederum auf die Bestimmung des Bemessungswasserstandes von wasserundurchlässigen Konstruktionen aus Beton zu beachten sind, so sind wir in den letzten Jahrzehnten sicherlich in der Frage des Gewässerschutzes einen deutlichen Schritt weitergekommen.

Wie sind die Bedeutung der Stahlbetonbauweise und damit der Einsatz eines zementgebundenen Baustoffs nun in dieses Umfeld einzuordnen? Haben wir einen Stoff oder ein Gemisch erst einmal hinsichtlich seiner Gefährlichkeit beschrieben, kann er in eine Wassergefährdungsklasse eingeordnet werden. Für die direkte Lagerung von wassergefährdenden Stoffen, d. h. die Lagerung in einem umschlossenen Volumen, einer Primärbarriere, ist der Beton bis auf wenige Ausnahmen nicht anzutreffen. Betrachten wir allerdings weite Teile der Industrie, so kann Beton als Sekundärbarriere einen wesentlichen Beitrag zum praktizierten Gewässerschutz leisten.

Die Nahtstelle zur DAfStb-Richtlinie ist der § 62 des WHG, hierin liegt der sogenannte Besorgnisgrundsatz verankert. Mit diesem Paragraphen wird indirekt eine zusätzliche technische Hürde gefordert, die das Austreten von wassergefährdenden Stoffen in die Umgebung und damit in das Wasser unmöglich machen soll. Da es sich beim WHG nicht um ein technisches Regelwerk handelt, bedarf es für den jeweiligen Praxisfall eigener technischer Lösungen.

Handelt es sich um Stoffe, die beispielsweise einzeln in Fässern oder kleineren Gebinden gelagert werden, so sind stählerne Auffangwannen häufig schon ausreichend. Wichtig ist nur, dass das gesamte havarierte Volumen auch aufgefangen werden kann. Folgt man diesem Gedanken, so wird deutlich, dass es für kleine Mengen andere technische Lösungen geben muss als für große oder größte Mengen. Dieser Forderung wird technisch auch Rechnung getragen, indem neben der Wassergefährdungsklasse auch die Lagerungsmenge mit einbezogen wird und zu einer Gefährdungsklasse führt. Folgelogisch muss das Havariekonzept für wenige Kubikmeter anders aussehen als das für einige Tausend. Ebenso muss berücksichtigt werden, wie sich kleine, aber dauerhafte Havarien (Tropfverluste) auswirken. Auch bestimmen die Menge und die Betriebsart ganz unterschiedliche Wege in der Gefahrenabwehr: Handelt es sich um die Havarie von wenigen Litern, die im laufenden Prozess sofort erkannt wird und mit verhältnismäßig einfachen Gegenmaßnahmen zu bekämpfen ist? Oder denken wir an einen Lagerungsbehälter, dessen Leckage erst zeitversetzt erkannt wird und bei dem die Gefahrenabwehr allein durch die Menge einen größeren Zeitrahmen notwendig macht? Hierin wird der Unterschied greifbar.

Bei all den Forderungen des WHG soll eine Sekundärbarriere allerdings neben einer guten technischen auch eine wirtschaftliche Lösung darstellen. In diesem Fall kann ein Auffangbauwerk aus Beton, das gemäß der DAfStb-Richtlinie erstellt wird, eine wirtschaftliche Lösung sein. Positive Beispiele aus den vergangenen Jahrzehnten zeigen, dass die Stahlbetonbauweise eine wirtschaftliche Lösung zum Bau von Auffangbauwerken darstellt. Der große Vorteil besteht beispielsweise darin, dass sich auch große zusammenhängende Auffangflächen realisieren lassen. Möglich sind aber auch großvolumige Auffangräume um siloartige Behälter oder kleine Auffangwannen, die jedoch hohe Lasten aufnehmen müssen. Dies können z. B. Lasten aus Anlagen der Industrie, wie Pressen, Walzstraßen o. Ä. sein, die selbst kein Behälter sind, aber mit wassergefährdenden Stoffen betrieben werden.

Die Funktionsweise der Bauweise beruht in einer Barrierewirkung, bei der mit einem speziell zusammengesetzten Beton das Eindringen von wassergefährdenden Stoffen in den Beton sehr gering gehalten wird. Dies bedeutet, dass eine wassergefährdende Flüssigkeit kalkuliert in den Beton eindringen darf, jedoch nur bis zu einer definierten Bauteiltiefe. Durch die speziellen Betone wird auch das Rissrisiko minimiert, um möglichst rissarme Bauteile zu erhalten. Wissend, dass die Stahlbetonbauweise eine gerissene Bauweise ist, werden die Rissweiten daher auf ein entsprechend geringes Maß begrenzt. Schlussendlich darf die Rissbreite nicht dazu führen, dass ein wassergefährdender Stoff durch das Bauteil gelangt. Dies gilt natürlich auch für planmäßige Bauteiltrennungen, die Fugen. Auch dabei ist auf eine optimale Planung und Ausführung zu achten. Erst diese verbindenden und dichtenden Details runden die Funktionstüchtigkeit des Gesamtobjekts ab.

Das Konzept dieser Bauwerke beruht somit auf einer genauen Kenntnis der zu lagernden Stoffe, einer sorgfältigen Planung sowie einer guten Bauausführung. Bereits während der Planung sollte ein Blick in die Zukunft gerichtet werden und der spätere Nutzer intensiv befragt werden. Sind beispielsweise Erweiterungen oder Umbauten der Anlage geplant oder schon absehbar und reicht der Auffangraum? Werden Versorgungsleitungen verlegt und werden diese ggf. durch die Wände der Auffangwannen geplant? Werden Rohrleitungstrassen neu geplant und möglicherweise Einzellasten aus den Stützen in die Sohlplatten des Auffangbauwerks geführt? Genau aus diesem Grund ist es notwendig, bereits während der Planung und der Bauausführung möglichst eng mit dem WHG-Sachverständigen zusammenzuarbeiten, um frühzeitig Probleme zu erkennen und einvernehmlich zu lösen.

Mit diesen Punkten ist jedoch der Weg zum Erfolg noch nicht abgeschlossen. Erst wenn während des Betriebs eine regelmäßige Wartung und Pflege als geschlossenes Konzept eingehalten wird, lässt sich die Anlage auch über Jahrzehnte nutzen. Ganz wichtig ist dann jedoch, sich vor Augen zu führen, dass eine Instandsetzung nach einer Havarie wieder zu einem vollwertigen und ungemindert nutzbarem Auffangbauwerk führen muss.

1.3

1.3 Eingruppierung eines wassergefährdenden Stoffs

Die Eingruppierung eines Stoffs in eine Wassergefährdungsklasse (WGK) erfolgt nach der VAUwS [2] bzw. zukünftig AwSV [3], wobei die Eingruppierung in eine WGK alleine nicht genügt – hier ist zusätzlich die Größe, also die Lagermenge der Anlage von Interesse. Aus der Wassergefährdungsklasse (WGK) und der Lagermenge ergibt sich dann die Gefährdungsstufe für die jeweilige Anlage. Die Einstufung in eine WGK erfolgt in mehreren Schritten.

Die Selbsteinstufung der zu lagernden Stoffe erfolgt durch den Betreiber der Anlage. In Anhang 1 der VAUwS ist das Vorgehen dokumentiert, der Selbsteinstufung liegt das europäische Stoff- und Chemikaliengesetz zugrunde. Die Selbsteinstufung wird durch das Umweltbundesamt geprüft und ggf. überarbeitet. Nach Abschluss des Verfahrens wird die Einstufung im Bundesanzeiger und im Internet veröffentlicht [5].

Handelt es sich um einen Stoff oder ein Gemisch, das bisher nicht eingruppiert wurde, so muss dies entsprechend der VAUwS [2] erfolgen. Die Einstufung erfolgt nach R-Sätzen, die aus der Gefahrenstoffverordnung (GefStoffV) [6] herrühren. Zur Erklärung: R-Sätze steht für die Abkürzung Risiko- (engl. risk) Sätze, welche standardisierte Hinweise auf besondere Gefahren geben. Die Gefährlichkeit eines Stoffs oder eines Gemischs, also seine toxischen Eigenschaften, wird dazu mit unterschiedlich hohen Punktzahlen bewertet. Aus der Gesamtzahl an Punkten kann dann die WGK abgelesen werden.

0 bis 4 Punkte:	WGK 1
5 bis 8 Punkte:	WGK 2
9 und mehr Punkte:	WGK 3

Sollte die Wassergefährdung eines Stoffs nicht bekannt sein, so ist er bis zu einer genaueren Einstufung der WGK 3 zuzuordnen.

Zusätzlich zur WGK ist für die Einstufung einer Anlage die Gefährdungsstufe festzulegen (Klasse A bis D). Die Gefährdungsstufe steigt sowohl mit der höheren WGK als auch mit der Menge des wassergefährdenden Stoffs, der gelagert wird (Tafel 1).

Tafel 1: Gefährdungsstufen von Anlagen nach VAUwS [2]

Ermittlung der Gefährdungsstufen	Wassergefährdungsklasse (WGK)		
Volumen [m³] oder Masse [t]	1	2	3
≤ 0,22 oder 0,2	Stufe A	Stufe A	Stufe A
> 0,22 oder 0,2 ≤ 1	Stufe A	Stufe A	Stufe B
> 1 oder ≤ 10	Stufe A	Stufe B	Stufe C
> 10 oder ≤ 100	Stufe A	Stufe C	Stufe D
> 100 oder ≤ 1 000	Stufe B	Stufe D	Stufe D
> 1 000	Stufe C	Stufe D	Stufe D

In Wasserschutzgebieten und Überschwemmungsgebieten werden die zulässigen Mengen einer Anlage weiterhin durch die engere oder weitere Schutzzone bestimmt. Näheres dazu ist in der VAUwS [2] § 49 bzw. in der AwSV [3] geregelt.

Eine Besonderheit stellen landwirtschaftliche Stoffe dar, die auf der einen Seite wassergefährdend sein können, auf der anderen Seite aber wertvolle Düngemittel sind. Jauche, Gülle, Silagesickersaft und Festmist, kurz JGS, sind zwar als wassergefährdend eingestuft, aber nicht in einer Wassergefährdungsklasse klassifiziert. Eine Unterscheidung wird hier hinsichtlich der Nutzung als JGS- oder landwirtschaftliche Biogasanlage getroffen. Bei landwirtschaftlichen Biogasanlagen ist die Ausbildung einer Sekundärbarriere (Umwallung) mit geringeren technischen Anforderungen als bei anderen wassergefährdenden Stoffen vorgesehen. Jauche, Gülle, Silagesickersäfte und Festmist unterliegen somit nicht dem Besorgnisgrundsatz des Wasserhaushaltgesetzes und sind insofern privilegiert, dass lediglich der bestmögliche Schutz der Gewässer gefordert wird. Wasserrechtlich bedeutet dies ein geringeres Schutzniveau als der Besorgnisgrundsatz, da die Wassergefährdung durch landwirtschaftliche Stoffe im Vergleich niedriger eingestuft wird. Auch für Abwasserbauwerke wird im WHG [1] ein geringeres Schutzniveau als bei wassergefährdenden Stoffen festgelegt, die §§ 62 und 63 gelten für Abwasserbauwerke nicht. Dennoch trifft auch auf das Abwasser die Forderung zu, dass das Wohl der Allgemeinheit nicht negativ beeinflusst werden darf (§ 55).

2 Bautechnische Unterlagen

Die Planung von Betonbauwerken für den Umgang mit wassergefährdenden Stoffen umfasst im Hinblick auf die Dichtheitsfunktion im Wesentlichen die Erstellung folgender Unterlagen [4]:

- Medienliste
  Zusammenstellung der einwirkenden Stoffe, weiterführende Angaben können hier beispielsweise aus dem Cementbulletin [7] oder aus der Liste wassergefährdender Stoffe des UBA [5] entnommen werden.
- Angabe der Beaufschlagungsmenge und Dauer
- Baugrundbeurteilung
- Art der Einwirkungen
  - physikalisch
  - chemisch
  - thermisch
  - mechanisch

- Verwendbarkeitsnachweise
  - Baustoffe
  - Bauteile (z. B. Zulassung)
  - Einbauteile

- Nachweise der Dichtkonstruktion
- Ausführungsunterlagen
- Prüfliste nach Abschnitt 8 der Richtlinie des DAfStb [4] (Prüfungen während der Bauausführung, Erstprüfungen nach Fertigstellung, wiederkehrende Prüfungen)
  Der Prüfungsumfang und die Prüfintervalle sind im Einzelnen anzugeben.

Im Rahmen der Bauausführung sind die nachfolgend aufgeführten Vorgaben zu beachten:

- Nachweis eines Fachbetriebs gemäß § 15 der VAUwS
- Vorgaben von Betonierplänen und Betonieranweisungen
- Dokumentationen zum Betonierablauf
  - Beginn und Ende der Betonagen
  - Frischbetontemperaturen
  - Umgebungstemperaturen (min./max.)
  - Witterungsbedingungen
  - Wartezeiten, Unterbrechungen
  - Ausschalzeitpunkt
  - ggf. weitere Aufzeichnungen

- Lieferscheine
  - Transportbeton
  - Stahl
  - weitere Baustoffe

- Angaben zur Nachbehandlung
  - Art und Dauer
  - Umgebungsbedingungen (Witterung, Temperatur, Windeinflüsse, Störungen)
  - besondere Maßnahmen (z. B. Frostschutz)

Hinsichtlich Überwachung und Kontrolle ist zu beachten:

- Zuständig für die Genehmigung sind in der Regel die unteren Wasserbehörden. Der Vollzug der Prüfung kann jedoch in manchen Bundesländern entweder bei den unteren Wasserbehörden, vertretungsweise aber auch bei Wasserwirtschaftsämtern oder anderen Behörden liegen.
- Hinsichtlich der Bauausführung müssen alle Einzelschritte kontrolliert werden, dies gilt sowohl für die Abnahme des Baugrunds als auch für das Planum (z. B. Proctor-, Lastplattenversuch), den Unterbeton, die Gleitschicht, die Bewehrung und die Fugen.
- Für den Beton ist eine ÜK2-Überwachung mit Eigen- und Fremdüberwachung nach [16] bzw. [17] durchzuführen, weiterführende Ausführungen siehe auch Abschnitt 7. Die Ergebnisse der Eigen- und Fremdüberwachung sowie ggf. durchgeführte Kontrolluntersuchungen (z. B. Füllproben mit Wasser) sind zu dokumentieren. Das gilt auch für Zusatzmaßnahmen wie Rissabdichtung, Beschichtungen oder Auskleidungen.

3 Flüssigkeitsdichte Betone

3.1 FD-Beton und FDE-Betone

Betonbauten gemäß der BUmwS-Richtlinie des DAfStb [4] sind Bauwerke oder Bauteile aus Beton, die nach dem Versagen von Sicherheitssystemen (Behältern, Überfüllsicherungen usw.) als Rückhalteeinrichtungen die Einhaltung des Besorgnisgrundsatzes § 62 (1) WHG [1] sicherstellen. Die Richtlinie ist anzuwenden auf Betonbauwerke, die die Aufgabe einer Sekundärbarriere zum Schutz gegen austretende Medien ohne zusätzliche Beschichtung erfüllen sollen. Dieses Regelwerk weist darauf hin, dass die Expositionsklasse XA gemäß DIN EN 206-1 [8] und DIN 1045-2:2008-08 [9] für einen Betonangriff durch die wassergefährdenden Stoffe nicht maßgebend ist, da die Beaufschlagungsdauer zeitlich eng begrenzt ist (8 bis 2.880 Stunden). Man unterscheidet eine einmalige Beaufschlagung, für die die Konstruktion bemessen ist, und eine intermittierende Beaufschlagung. Darunter versteht man eine planmäßige Handlungsfolge zur Abdeckung mehrerer möglicher Beaufschlagungen, die planmäßig auf die Dichtfläche einwirken können. Dichtheit im Sinne der DAfStb-Richtlinie ist gleichbedeutend mit Flüssigkeitsundurchlässigkeit und bedeutet, dass die Eindringfront des Mediums während der Beaufschlagung mit einem entsprechenden Vorhaltemaß nachweislich nicht die der Einwirkung gegenüberliegende Bauteilseite erreicht. 3.1

Für die Herstellung von unbeschichteten Betonbauwerken für Anlagen zum Umgang mit wassergefährdenden Stoffen werden in Teil 2 der DAfStb-Richtlinie Anforderungen an die zum Einsatz kommenden Baustoffe gestellt. Alle zum Einsatz vorgesehenen Baustoffe müssen neben der ausreichenden Dichtheit und Duktilität einen hohen Widerstand gegenüber den einwirkenden flüssigen organischen und häufig auch anorganischen Medien haben.

Für eine flüssigkeitsdichte Betonkonstruktion ergeben sich dementsprechende technologische Anforderungen an die Betonausgangsstoffe und an die Betonzusammensetzung. Ziel muss es sein, eine sinnvolle Optimierung der Betonzusammensetzung im Hinblick auf eine geringe Rissneigung des Betons und auf ein besonders dichtes Mikrogefüge des Zementsteins zu erreichen. Daher wird in Abschnitt 3 der DAfStb-Richtlinie zwischen **f**lüssigkeits**d**ichtem (**FD**-Beton) und **f**lüssigkeits**d**ichtem Beton nach **E**indringprüfung (**FDE**-Beton) unterschieden. Das Grundsatzprinzip der Richtlinie besteht darin, dass die Eignung von Betonen für Sekundärbarrieren, deren Zusammensetzungen von denen eines FD-Betons abweichen, in einer Eindringprüfung nachgewie-

Tafel 2: Anforderungen an die Zusammensetzung von FD- und FDE-Betonen

Flüssigkeitsdichter Beton (FD-Beton)	Flüssigkeitsdichter Beton mit Eindringprüfung (FDE-Beton)
Muss die Anforderungen an einen Normalbeton gemäß DIN EN 206-1 [8] und DIN 1045-2 [9] erfüllen	Muss die Anforderungen an einen Normalbeton gemäß DIN EN 206-1 [8] und DIN 1045-2 [9] erfüllen
Gesteinskörnungen: nach DIN EN 12620 [10] gemäß DIN EN 206-1 [8] und DIN 1045-2 [9], Abschnitt 5.2.3 Für Bauteile, die mit starken Säuren beaufschlagt werden können, ist unlösliche Gesteinskörnung zu verwenden. Größtkorn: 16 mm $\leq D_{max} \leq$ 32 mm Sieblinienbereich: A/B	Gesteinskörnungen: nach DIN EN 12620 [10] gemäß DIN EN 206-1 [8] und DIN 1045-2 [9], Abschnitt 5.2.3 Für Bauteile, die mit starken Säuren beaufschlagt werden können, ist unlösliche Gesteinskörnung zu verwenden. Größtkorn: $D_{max} \leq$ 32 mm Sieblinienbereich: A/B
Wasserzementwert: $(w/z)_{eq} \leq 0{,}50$	Wasserzementwert: $(w/z)_{eq} \leq 0{,}50$
Betonfestigkeitsklasse: $C_{min} \geq$ C30/37	Betonfestigkeitsklasse: keine Mindestfestigkeitsklasse
Zemente: (Gemäß DIN EN 197-1 [11] und DIN 1164-10 [12]) CEM I, CEM II-S, CEM II/A-D, CEM II/A-P, CEM II-V, CEM II-T, CEM II/A-LL, CEM II-M[1)], CEM III/A, CEM III/B	Zemente: keine Einschränkung
Zementleimgehalt: ≤ 290 l/m^3 (inkl. angerechneter Zusatzstoffe)	Zementleimgehalt: keine Einschränkung
Zusatzstoffe: Flugasche nach DIN EN 450-1 [13], $(w/z)_{eq} \leq 0{,}50$ Silikastaub nach DIN EN 13263-1 [14], $(w/z)_{eq} \leq 0{,}50$ Polymerdispersionen nach DIN EN 206-1 [8] und DIN 1045-2 [9]	Zusatzstoffe: Flugasche nach DIN EN 450-1 [13], $(w/z)_{eq} \leq 0{,}50$ Silikastaub nach DIN EN 13263-1 [14], $(w/z)_{eq} \leq 0{,}50$ Polymerdispersionen nach DIN EN 206-1 [8] und DIN 1045-2 [9]
Zusatzmittel: kann als LP-Beton hergestellt werden	Zusatzmittel: kann als LP-Beton hergestellt werden
Wasser: Verwendung von Restwasser gemäß DIN EN 1008 [15] ist erlaubt	Wasser: Verwendung von Restwasser gemäß DIN EN 1008 [15] ist erlaubt
Einbaukonsistenz: F3 – weichere Konsistenzen erlaubt, wenn nachgewiesen wird, dass Entmischungen unter Einbaubedingungen vermieden werden	Einbaukonsistenz: F3 – weichere Konsistenzen erlaubt, wenn nachgewiesen wird, dass Entmischungen unter Einbaubedingungen vermieden werden
Beton der Überwachungsklasse 2 gemäß DIN EN 13670 [16] / DIN 1045-3 [17], wenn die aus statischen Gründen gewählte Betondruckfestigkeitsklasse nicht sogar die Einstufung in die Überwachungsklasse 3 erfordert	Beton der Überwachungsklasse 2 gemäß DIN EN 13670 [16] / DIN 1045-3 [17], wenn die aus statischen Gründen gewählte Betondruckfestigkeitsklasse nicht sogar die Einstufung in die Überwachungsklasse 3 erfordert
	Weitere mögliche Abweichungen gegenüber FD-Beton: – Leichtbeton gemäß DIN EN 206-1 [8] und DIN 1045-2 [9] (mit leichter Gesteinskörnung) – Hochfester Beton – Faserbeton

[1)] Zulässig sind Kombinationen aus den Hauptbestandteilen S, D, P, V, T, LL, wie CEM II/A-M (S-D), (S-P), (S-V), (S-T), (S-LL), (D-P), (D-V), (D-T), (D-LL), (P-V), (P-T), (P-T), (P-LL), (V-T), (V-LL), CEM II/B-M (S-D), (S-T), (D-T), (S-V), (D-V), (V-T)

sen werden muss. Für den Fall, dass die gleiche oder eine geringere Eindringtiefe als für FD-Beton nachgewiesen werden soll, müssen entsprechende Eindringprüfungen mit dem im Anhang A der Richtlinie [4] beschriebenen Prüfverfahren mit den Referenzflüssigkeiten Di-Chlormethan und n-Hexan durchgeführt werden (siehe auch Kapitel 9 Prüfverfahren zur Bestimmung der Eindringtiefen in flüssigkeitsdichte Betone). In Tafel 2 sind wesentliche Anforderungen an die Zusammensetzung von FD-Beton und FDE-Beton aufgeführt.

Mit der Begrenzung des Zementleimgehalts (Zugabewasser, Zement, Zusatzmittel und anrechenbare Zusatzstoffe) auf 290 l/m³ bei FD-Beton sollen die Hydratationswärmeentwicklung und die Schwinddehnung gering gehalten werden. Zur Vermeidung von Rissen ist es sinnvoll, die Differenz zwischen hydratationsbedingter Maximaltemperatur und Umgebungstemperatur so gering wie möglich zu halten. Dies kann z. B. mit einem Reifecomputer kontrolliert werden. Es werden an drei über den Querschnitt verteilten Punkten (oben, Mitte, unten) drei Messfühler fixiert, welche über einen gewissen Zeitraum die Bauteiltemperaturen messen und aufzeichnen. Der vierte Sensor misst die Umgebungstemperatur.

Die Anwendung des k-Wert-Konzepts für Flugasche gemäß DIN EN 206-1 [8] und DIN 1045-2 [9] ist zulässig. Werden die Regeln der einschlägigen Normenwerke [8, 9] eingehalten, besteht für flugaschefreie und flugaschehaltige Betonzusammensetzungen kein Unterschied im Schwindverhalten des Betons.

Bei der Berechnung des Zementleimgehalts wird nicht die komplett zugegebene

Tafel 3: Beispiel für die Anrechnung von Flugasche zur Bestimmung des Zementleimgehalts

Ausgangsstoff	Zugabemenge [kg/m³]	Rohdichte [kg/dm³]	Anteil im Zementleimvolumen [l/m³]	Anzusetzendes Zementleimvolumen [l/m³]
Wasser w	160	1,00	160,0	160,0
Zement z	300	3,00	100,0	100,0
Flugasche f (gesamt)	80	2,3	34,8	–
maximal auf Bindemittel anrechenbarer Flugascheanteil f	$z \cdot 0{,}33 =$ $300 \cdot 0{,}33 = 99$	2,3	43	–
auf $(w/z)_{eq}$ anrechenbarer Flugascheanteil ($k_f = 0{,}4$)	$f \cdot 0{,}4 =$ $80 \cdot 0{,}4 = 32$	2,3	13,9	13,9
Summe				273,9
Berechnung von $(w/z)_{eq}$	$\frac{w}{z + 0{,}4 \cdot f} = \frac{160}{300 + 0{,}4 \cdot 80} = 0{,}48 \leq 0{,}50$			

Menge an Flugasche berücksichtigt, sondern nur die Menge, die auf den äquivalenten Wasserzementwert $(w/z)_{eq}$ angerechnet wird, siehe Beispiel in Tafel 3.

Bezüglich des Einsatzes von Restwasser gemäß DIN EN 1008 [15] wurde in verschiedenen Forschungsvorhaben nachgewiesen, dass das Eindringverhalten von organischen Flüssigkeiten in FD-Beton keinen negativen Einfluss hat. Durch entsprechende Erstprüfungen und Maßnahmen während der Herstellung ist insbesondere sicherzustellen, dass auch bei der Verwendung von Restwasser der äquivalente Wasserzementwert $(w/z)_{eq} \leq 0{,}50$ eingehalten wird. Des Weiteren müssen der Mehlkorngehalt sowie die Konsistenz den Werten des Ausgangsbetons entsprechen.

FD-Beton kann auch als frosttausalzbeständiger Beton mit künstlichen Luftporen nach DIN EN 206-1 [8] und DIN 1045-2 [9] hergestellt werden. Aus statischen Gründen ist bei Verwendung von FD-Beton mit künstlichen Luftporen eine Verringerung der Festigkeitsklasse, wie sie in einigen Fällen gemäß DIN 1045-2 [9] erlaubt ist, nicht gestattet.

In der Ausgabe der DAfStb-Richtlinie aus 2004 [18] war auch für FDE-Betone eine Mindestbetondruckfestigkeitsklasse gemäß den Anforderungen aus DIN EN 206-1/DIN 1045-2 [8, 9] gefordert. Dies ist im Zusammenhang mit der Dauerhaftigkeit zu sehen. Die Expositionsklassen sind für Normalbetone gekoppelt an Forderungen an den maximalen Wasserzementwert und eine Mindestbetondruckfestigkeitsklasse. Die Festlegung einer Mindestdruckfestigkeit für Normalbeton stellt zusätzlich sicher, dass der für die Dichtheit des Betons maximal zulässige w/z-Wert von 0,50 nicht überschritten wird. Generell gilt, dass mit kleiner werdendem w/z-Wert das Gefüge dichter und damit dauerhafter gegen Umwelteinflüsse wird. Resultierend folgt aus dem dichteren Betongefüge eine höhere Betondruckfestigkeit. Die DIN EN 206-1/DIN 1045-2 [8, 9] fordert z. B. für Leichtbeton keine Mindestbetondruckfestigkeitsklasse. Dies begründet sich aus den unterschiedlichen Rohdichten der leichten Gesteinskörnungen. Daher ist für die Herstellung von dichtem und dauerhaftem Leichtbeton ausschließlich der Wasserzementwert entscheidend. Dies ist übertragbar auf die Anforderungen an die Struktur der FDE-Betone, sodass die Einhaltung des Wasserzementwerts von maximal 0,50 maßgebend ist und nicht die Betondruckfestigkeitsklasse. Daher ist es für einen FDE-Beton zwingend erforderlich, die Eignung in einer Eindringprüfung nachzuweisen.

Zur Verbesserung der Dichtheit können für die Herstellung der Ableitflächen bzw. Auffangwannen auch Betone mit höheren Festigkeitsklassen gemäß DIN EN 206-1/DIN 1045-2 [8, 9] zum Einsatz kommen. Hier ist jedoch darauf zu achten, dass der Beton nicht eine unnötig hohe Festigkeit erreicht, zu spröde wird und somit zu einer verstärkten Rissbildung neigen kann. Eine andere Möglichkeit ist die Verwendung von gefügedichtenden Polymerdispersionen. Der maßgebende w/z-Wert ist unter Berücksichtigung des vollständigen Kunststoffzusatzes zu ermitteln. Der Nachweis der chemischen Beständigkeit gegenüber den auf das Bauteil einwirkenden wassergefährdenden Stoffen kann ggf. nach [4], Abschnitt A.4 geführt werden (siehe auch Abschnitt 9 dieser Broschüre). Für die Durchführung dieses Nachweises werden jeweils drei 28 Tage alte Bohrkerne in Luft, in Wasser und im maßgebenden wassergefährdenden Medium für 28 Tage gelagert. Nach Bestimmung der Druckfestigkeit wird in Abhängigkeit von der Lagerungsart eine Bewertung vorgenommen. Die chemische Beständigkeit gilt als erbracht, wenn der Mittelwert der Druckfestigkeit der im Wasser und der in der wassergefährdenden Flüssigkeit gelagerten Probekörper wenigstens 85 % der mittleren Druckfestigkeit der luftgelagerten Proben beträgt.

3.2 Einbau und Nachbehandlung flüssigkeitsdichter Betone

Eine der wichtigsten Anforderungen an FD- bzw. FDE-Betone ist, dass sie sich nicht beim Transport, beim Einbau und bei der Verdichtung entmischen. Bei Entmischungen kommt es zur Trennung von grober Gesteinskörnung und Feinmörtel mit der Folge, dass sich größere Gesteinskörnungen an der Betonoberfläche ansammeln können. Entmischungsvorgänge können zum einen durch die richtige Wahl der Gesteinskörnung und einen ausreichenden Mehlkorngehalt und zum anderen einbautechnisch durch Verwendung von Fallrohren vermieden werden. Ebenso darf der Beton nicht zum Wasserabsondern (Bluten) neigen, da dies neben der optischen Wirkung (unschöne Betonoberfläche) auch die Festigkeit und insbesondere die Dauerhaftigkeit negativ beeinflusst. Das sogenannte Bluten von Beton basiert auf der unterschiedlichen Dichte von Zementleim und Gesteinskörnung und der Wassermenge im Frischbeton. Eine Vermeidung des ungewünschten Wasserabsonderns kann z. B. durch eine Reduzierung des Wassergehalts, die Verwendung von Zementen mit hoher spezifischer Oberfläche (Blaine-Wert) oder auch durch die Zugabe von stabilisierenden Betonzusatzmitteln erreicht werden. Bei Betonen gemäß den Vorgaben nach [4] bietet es sich an, im Rahmen von erweiterten Erstprüfungen die Blutneigung des Frischbetons festzustellen, z. B. mit dem DBV-Eimerverfahren. Die Einbaukonsistenz sollte im oberen Bereich der Konsistenzklasse F3 liegen. Sollte aus einbautechnischen Gründen eine weichere Konsistenz erforderlich sein, muss nachgewiesen werden, dass keine Entmischungen auftreten. Ggf. sind Probebetonagen an Bauteilen mit ähnlichen Einbauvoraussetzungen empfehlenswert.

Bei der zeitlichen Planung der Betonage der Bauteile sind günstige Ausführungsbedingungen wie Tageszeit, Witterung, geringe Sonneneinstrahlung, kein Frost usw. anzustreben. Oft ist es sinnvoll, die Betonage zu verschieben, sie z. B. im Sommer auf eine kühlere Tageszeit, z. B. in die sehr frühen Morgenstunden oder in die späten Abendstunden zu verlegen. Im Vorfeld sollte zwischen Bauleitung und Transportbetonwerk eine Abstimmung über die genaue Einbauleistung und die vorgesehenen Lieferintervalle erfolgen. Des Weiteren ist darauf zu achten, dass Wartezeiten weitgehend ausgeschlossen werden. 3.2

Öffnungen für Schalungsanker müssen flüssigkeitsdicht und außerdem beständig gegenüber dem wassergefährdenden Stoff sein. Bei der Auswahl der Abstandshalter zur Sicherung der Betondeckung muss darauf geachtet werden, dass diese resistent gegenüber dem wassergefährdenden Medium sind.

Alle für den Bauablauf wesentlichen Angaben, wie z. B. zum Einsatz vorgesehene Betonzusammensetzungen, Betonierabschnitte, vorgesehene Arbeitsfugen, Einbau- und Verdichtungsmaßnahmen sowie Maßnahmen der Nachbehandlung sind in einem Bauablaufplan bzw. einem Qualitätssicherungsplan festzulegen, siehe auch Kapitel 2. Der Bauablauf muss so dokumentiert werden, dass er für den mit der Überwachung betrauten Sachverständigen nachvollziehbar ist. Bei Verwendung von Transportbeton sind, ähnlich wie bei ZTV-Ing-Baustellen, Lieferscheine mit Ausdruck bzw. dem Vergleich von Soll-/Ist-Mengen erforderlich. Durch Vorhaltung von zusätzlichen Geräten ist sicherzustellen, dass bei einem eventuellen Ausfall einzelner Geräte die Betonierarbeiten auf jeden Fall ohne große Unterbrechungen fortgeführt werden können.

Ein dichtes Gefüge ist Voraussetzung für die Dauerhaftigkeit des Betons. Daher ist der Beton stetig einzubringen und vollständig zu verdichten, sodass die Bewehrung dicht mit Beton umhüllt wird. Besonders sorgfältig verdichtet werden muss in Ecken, längs der Schalung, in engen Bereichen, bei Einbauteilen, Fugeneinlagen und Bewehrungsanschlüssen. Die Verzahnung mit den vorhergehenden Schichten geschieht durch die Nachverdichtung, die innerhalb eines Zeitraums durchgeführt werden muss, in dem der Beton noch verarbeitbar (formbar) ist. Zur Qualitätsverbesserung sollte als zusätzliche Maßnahme die Oberseite der Dichtfläche noch mit einer Rüttelbohle abgezogen werden. Eine gut ausgeführte Nachverdichtung minimiert die Gefahr von Frühschwindrissen.

Die Nachbehandlung sollte so früh wie möglich beginnen. Die Nachbehandlungsart und -dauer richtet sich nach den Vorgaben der DIN EN 13670/DIN 1045-3 [16, 17]. Chemische Nachbehandlungsmittel können bei Beschichtungen den Verbund vermindern und sind daher unzulässig. Bei Verwendung von Folien ist darauf zu achten, dass sich eine Befeuchtung des Betons ggf. als sinnvoll erweisen kann. Ebenso gilt dies für die Randzonen.

Betone gemäß der DAfStb-Richtlinie [4] müssen solange nachbehandelt werden, bis sie 70 % der charakteristischen Festigkeit f_{ck} erreicht haben, jedoch mindestens 7 Tage. Vergleicht man die Forderung „Nachbehandlung bis zum Erreichen von $0{,}70 \cdot f_{ck}$" mit den vereinfachten Tabellenwerten für die Expositionsklasse XM oder auch für Bauwerke nach ZTV-ING, so ergibt sich die Mindestdauer der Nachbehandlung laut Tafel 4.

Im Rahmen der Eigenüberwachung auf der Baustelle bietet es sich an, zusätzlich Erhärtungsprüfungen durchzuführen, um Aussagen über die Festigkeitsentwicklung gewinnen zu können.

Tafel 4: Mindestdauer der Nachbehandlung für FD- und FDE-Betone in Anlehnung an DIN EN 13670/DIN 1045-3

Oberflächentemperatur ϑ des Betons (ersatzweise Lufttemperatur)	Festigkeitsentwicklung des Betons $r = f_{cm2}/f_{cm28}$			
	schnell $r \geq 0{,}50$	mittel $r \geq 0{,}30$	langsam $r \geq 0{,}15$	sehr langsam $r < 0{,}15$
≥ 25 °C	7	7	7	7
25 °C > ϑ ≥ 15 °C	7	7	8	10
15 °C > ϑ ≥ 10 °C	7	8	14	20
10 °C > ϑ ≥ 5 °C	7	12	20	30

3.3 FDE-Faserbeton

Eine weitere Möglichkeit zur Ausbildung von FDE-Betonen besteht darin, Fasern zur Verbesserung der mechanischen Eigenschaften einzusetzen. Die Anforderungen an den Beton entsprechen dabei ebenso DIN EN 206-1 [8] und DIN 1045-2 [9]. Der FDE-Beton muss die Dichtheitsanforderungen auch nach dem Zusatz von Fasern weiterhin erfüllen.

Als Richtwerte für die Zusammensetzung eines FDE-Faserbetons sind nach BUmwS [4] Rahmenbedingungen einzuhalten.

Zementgebundene Betone mit organischen oder anorganischen Zusatzstoffen, Fasern oder einem Größtkorn < 8 mm, die nicht DIN EN 206-1 [8] und DIN 1045-2 [9] entsprechen, dürfen nur dann als mittragend angesetzt werden, wenn ein Nachweis der Verwendbarkeit in Bauwerken nach DIN EN 1992-1-1 [19]/DIN EN 206-1 [8] und DIN 1045 [9] erbracht ist.

FDE-Beton mit Faserzusatz muss daher die Dichtheitsanforderungen mit Fasern erfüllen.

Im gerissenen Zustand ist die Dichtheit der Konstruktion unter Berücksichtigung von Rissen auch unter Berücksichtigung der mechanischen und chemischen Beständigkeit der Fasern durchzuführen. Der Nachweis der Beständigkeit der Fasern im Riss erfolgt in Anlehnung an Anhang A, Abschnitt A.6. Der Nachweis gilt als erbracht, wenn der Widerstandsgrad $x \geq 0{,}80$ nach [4], Anhang A, Abschnitt A.6 nachgewiesen wird.

Werden Stahlfasern eingesetzt, ist die Bemessung nach der Stahlfaser-Richtlinie des DAfStb [20] vorzunehmen.

3.4 Nicht tragende FDE-Dichtschicht

Nicht tragende FDE-Dichtschichten müssen neben einer erhöhten Dehnfähigkeit auch die Anforderungen an die abdichtende Wirkung sicherstellen. Der Nachweis erfolgt an Probekörpern nach Anhang A.6 [4] mit definierter Rissweite. FDE-Dichtschichten können auch als Faserbeton ausgeführt werden. Die Verwendbarkeit des Fasertyps in Verbindung mit dem Zementmörtel wird über Vorversuche bestimmt.

Als Richtwerte für die Zusammensetzung einer faserbewehrten Dichtschicht sind nach [4] folgende Grenzwerte einzuhalten:

- Fasergehalt ≥ 10 Vol.-%
- w/z < 0,45
- Zementfestigkeitsklasse ≥ CEM 42,5
- Größtkorn < 2 mm
- Schichtdicke h ≥ 50 mm
- Biegezugfestigkeit $f_{ctm,fl} \geq 25$ N/mm²

Soweit die Widerstandsfähigkeit nicht bekannt ist, muss ein Nachweis der chemischen Beständigkeit der Fasern gegenüber dem wassergefährdenden Stoff erfolgen. Der Widerstandsgrad kann entsprechend Anhang A, Abschnitt A.7 [4] verglichen werden.

4 Beanspruchungen

4.1 Mechanische Beanspruchung

4.1

Ebenso wie bei allen lastabtragenden und aussteifenden Bauteilen sind auch bei der Projektierung von Auffangbauwerken die allgemeinen Konstruktions- und Bemessungsregeln einzuhalten. Alle möglichen Lastzustände, die während der Nutzung beim Umgang mit wassergefährdenden Stoffen möglich sind, müssen für die Bemessung erfasst werden. Dazu zählen neben mechanischen auch physikalische und chemische Beanspruchungen, die sich aus den Betriebszuständen ergeben:

- ständige Lasten (z. B. Behältergewichte, Ausrüstungsgegenstände, Erddruck, Auftriebssicherung)
- Verkehrslasten (z. B. Radlasten, Flüssigkeitsdruck bei Undichtigkeit)
- Zwang aus abfließender Hydratationswärme
- Zwang aus Temperatur (Witterungseinflüsse, Betriebszustände, Beaufschlagungsfall)
- Zwang aus Schwinden
- Zwang aus Verformungsbehinderungen (z. B. Verklammerung mit dem Untergrund, Reibbeiwerte, konstruktionsabhängige Zwänge)
- Zwang durch Setzungsdifferenzen (Einfluss anderer Baukörper auf den Untergrund, ungleichmäßige Bettung des Baukörpers)

Die Konstruktion von Auffangbauwerken hat neben ständigen Lasten und Verkehrslasten wesentlichen Einfluss auf die spätere Beanspruchung des Bauteils. Querschnittssprünge, Niveausprünge oder aufbetonierte Aufkantungen und Sockel erschweren die Planung. Tendenziell sollte die Geometrie einfach gehalten werden, um Zwängungen auszuschließen. Für die Aufnahme der mechanischen Beanspruchungen ist zu beachten, dass zunehmende Bauteildicken die Eigen- und Biegezwangsspannungen vergrößern. Nähere Angaben zur Kombination von Beanspruchungen vor und während der Beaufschlagung, Diagramme zur Berechnung witterungs- und jahreszeitbedingter Temperatureinwirkungen sowie Rechenwerte für Reibungsbeiwerte enthält die DAfStb-Richtlinie [4].

Steigende Bauteildicken führen bei der Bemessung zu größeren nichtlinearen Temperaturanteilen, während sich die Bauteilmitteltemperaturen verringern. Temperaturschwankungen im Tagesgang wirken sich ungefähr bis in 30 cm Tiefe aus. In tieferen Zonen bleiben die Temperaturen über den Tag annähernd konstant.

Zu berücksichtigen sind auch Lastzustände, bei denen sich infolge periodisch angelegter Füllzustände sowohl das Behältergewicht als auch die Betriebstemperaturen der wassergefährdenden Stoffe maßgeblich ändern können. Zur Bestimmung der maßgebenden Lastzustände sind diese bei Kenntnis der Betriebsabläufe wenn möglich vorab zu klären.

Häufig sind Auffangbauwerke in der Industrie standortbedingt auch im Bereich von Meeres- oder Binnengewässern zu finden. Daher sollte ähnlich wie bei wasserundurchlässigen Konstruktionen geklärt werden, ob es beispielsweise durch wechselnde Grundwasserstände, die aus unterschiedlichen Pegelständen resultieren, zu Hebungen und Senkungen der Konstruktion kommen kann.

4.2 4.2 Physikalische Beanspruchung

Unter einer physikalischen Beanspruchung wird das Eindringen von wassergefährdenden Stoffen in Beton verstanden. Hierbei ist zu unterscheiden zwischen betonangreifenden wassergefährdenden Stoffen und nicht betonangreifenden wassergefährdenden Stoffen.

Das Eindringen nicht betonangreifender Flüssigkeiten basiert hauptsächlich auf dem kapillaren Saugen, welches maßgeblich durch den Wasserzementwert bzw. von der Porosität des Betons beeinflusst wird. Sie wird im Wesentlichen beschrieben durch das Porenvolumen und die Verteilung der Porengrößen.

So führt in der Regel ein niedriger Wasserzementwert und ein hoher Hydratationsgrad zu einem geringen Porenvolumen und erschwert somit das Eindringen von Schadstoffen in den Beton. Ebenso beeinflussen die Gesamtfeuchte bzw. die Feuchteverteilung im Bauteil das kapillare Eindringverhalten. Mit Wasser gefüllte Poren sorgen dafür, dass der Transport behindert wird, luftgefüllte Poren fördern das kapillare Saugen. Kommen organische Betonzusatzstoffe, wie z. B. Polymerdispersionen zum Einsatz, sollte beachtet werden, dass Zusatzstoffe, die nicht mineralischen Ursprungs sind, im Beton ungünstige Nebenwirkungen hervorrufen können. Für die Verwendung im Beton ist eine allgemeine bauaufsichtliche Zulassung erforderlich und die Wirksamkeit ist in einer erweiterten Erstprüfung zu überprüfen.

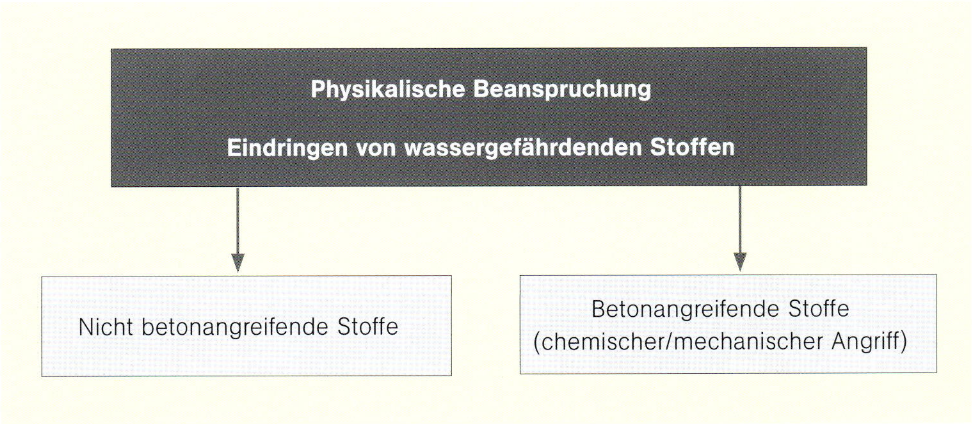

Das Eindringverhalten von wassergefährdenden Stoffen hängt auch von den Eigenschaften des auf den Beton einwirkenden Mediums ab und kann über materialspezifische Kennwerte beschrieben werden. Dies sind im Wesentlichen die dynamische Viskosität η und die Oberflächenspannung σ. Die beiden temperaturabhängigen Parameter η und σ werden im Normalfall bei 20 °C ermittelt. Sind andere Temperaturbereiche gefordert, ist dies in den zu führenden Nachweisen entsprechend zu berücksichtigen. Ebenso übt die Wasserlöslichkeit der eindringenden Flüssigkeit einen Einfluss auf das Eindringverhalten aus.

Das Eindringen wird vermindert durch:

- steigende dynamische Viskosität η
- steigende Wasserlöslichkeit
- sinkende Temperatur
- geringere Oberflächenspannung σ

Die Richtlinie [4] unterscheidet hinsichtlich der Beanspruchung durch das Eindringen von wassergefährdenden Stoffen in Beton vier mögliche Fälle (siehe unten).

Im Folgenden werden zunächst diese vier Fälle vorgestellt. Aufgrund der Komplexität dieser Ausführungen ist in Kapitel 4.3 für alle Anwendungsfälle zusammenfassend ein Ablaufschema abgebildet, aus dem die Vorgehensweise für die Ermittlung der jeweilig maßgebenden Eindringtiefen für den Dichtheitsnachweis (siehe Kapitel 5) hervorgeht.

4.2.1 Fall A: Eindringen in ungerissenen Beton ohne chemischen/mechanischen Angriff

Das Eindringen nicht betonangreifender wassergefährdender Stoffe basiert, wie oben erwähnt, auf der Wirkung von Kapillarkräften. Der von der Zeit abhängige Eindringverlauf (siehe auch Bild 1) wird durch folgende Gleichung beschrieben:

$$e_t = B_e \cdot \sqrt{t} \qquad [mm]$$

Hierbei ist:

B_e = Mittelwert des Eindringkoeffizienten [$mm/\sqrt{h}$]

B_e ist abhängig von den Eigenschaften des Betons (z. B. Porenradien) und des wassergefährdenden Stoffs (z. B. dynamische Viskosität, Oberflächenspannung) und vom Zusammenwirken (z. B. Randwinkel)

t = Zeitdauer der Beaufschlagung [h]

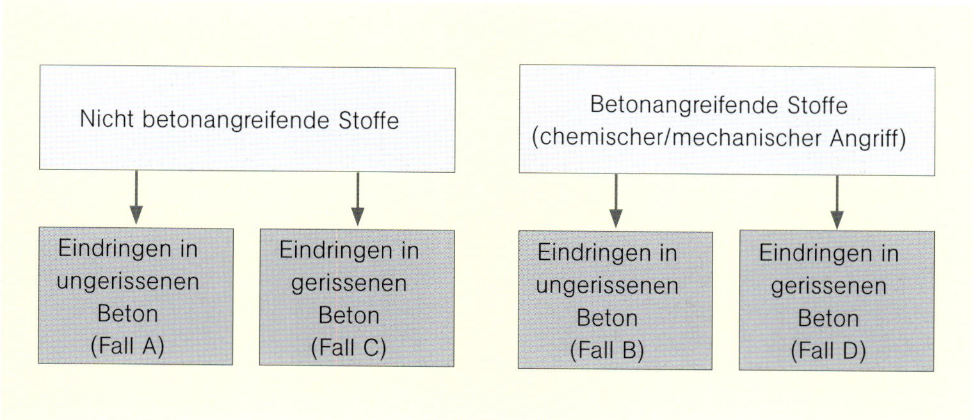

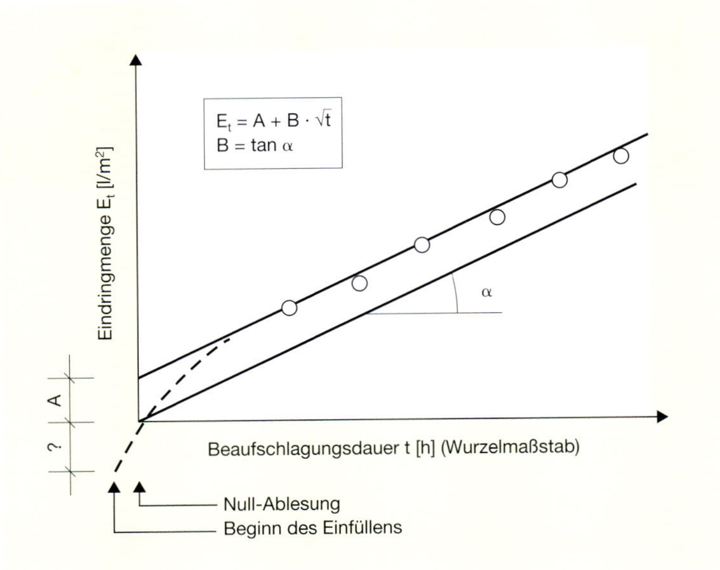

Bild 1: Beobachtbarer Eindringverlauf, Ermittlung der Eindringmenge als $E_t = B \cdot \sqrt{t}$ [4]

Für einen bestimmten Beton und einen bestimmten wassergefährdenden Stoff gibt es die Möglichkeit, die zeitabhängige Eindringtiefe gemäß folgender Gleichung zu extrapolieren:

$$e_{t2} = e_{t1} \cdot \sqrt{\frac{t_2}{t_1}}$$

Hierbei ist:

e_{t1} = Eindringtiefe zum Zeitpunkt t_1 (i.R. 72 h) [mm]

e_{t2} = Eindringtiefe zum Zeitpunkt t_2 [mm]

t_1 = Zeitdauer der Beaufschlagung (i.R. 72 h) [h]

t_2 = Zeitdauer der Beaufschlagung [h]

Für eine längere Beaufschlagungsdauer als 72 h dürfen Prüfwerte e_{tm} unter sonst gleichen Randbedingungen bis zu einer Beaufschlagungsdauer von t = 2.880 h nach folgender Gleichung berechnet werden:

$$e_{tm} = e_{72m} \cdot \sqrt{\frac{t}{72}}$$

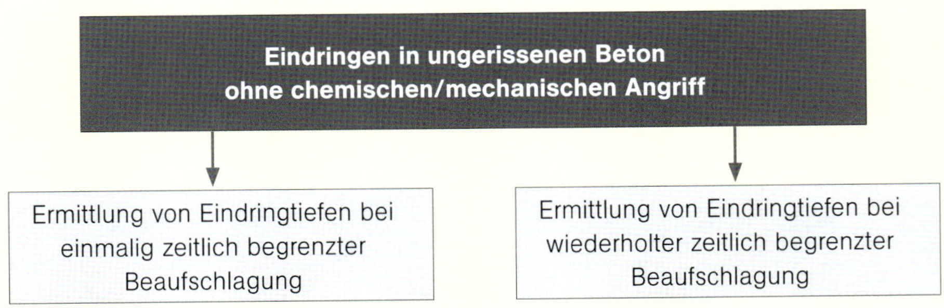

Tafel 5: Physikalische Kennwerte einiger wassergefährdender Stoffe bei 20 °C [4]

	Reihe	Wasser-gefährdender Stoff	Summen-formel	Dichte ρ [kg/dm³]	Ober-flächen-spannung σ [mN/m]	dyn. Viskosität η [mN · s/m²]	$(\sigma/\eta)^{0,5}$ $m^{0,5}/s^{0,5}$	Wasser-löslichkeit
1	Alkane	n-Pentan	C_5H_{12}	0,63	16,0	0,22	8,53	n
2		n-Hexan	C_6H_{14}	0,66	18,4	0,30	7,83	n
3		n-Heptan	C_7H_{16}	0,68	20,3	0,39	7,21	n
4		n-Octan	C_8H_{18}	0,70	21,8	0,50	6,60	n
5		n-Nonan	C_9H_{20}	0,72	22,9	0,68	5,80	n
6		n-Decan	$C_{10}H_{22}$	0,73	23,9	0,88	5,21	n
7	Ether	Diethylether	$C_4H_{10}O$	0,71	17,0	0,26	8,09	n
8		Di-n-Propylether	$C_6H_{14}O$	0,74	19,5	0,44	6,66	n
9		Di-n-Butylether	$C_8H_{18}O$	0,76	22,0	0,68	5,69	n
10		Di-n-Pentylether	$C_{10}H_{22}O$	0,78	24,8	1,10	4,75	n
11	Alkohole	Methanol	CH_4O	0,79	22,6	0,57	6,30	∞
12		Ethanol	C_2H_6O	0,79	22,8	1,17	4,41	∞
13		n-Propanol	C_3H_8O	0,80	23,8	2,13	3,34	∞
14		n-Butanol	$C_4H_{10}O$	0,80	24,6	2,79	2,97	t
15		n-Pentanol	$C_5H_{12}O$	0,81	25,6	3,81	2,59	n
16		n-Hexanol	$C_6H_{14}O$	0,81	26,3	5,02	2,29	n
17		n-Heptanol	$C_7H_{16}O$	0,82	27,3	6,48	2,05	n
18		n-Octanol	$C_8H_{18}O$	0,82	27,5	7,79	1,88	n
19		n-Nonanol	$C_9H_{20}O$	0,83	27,5	10,13	1,65	n
20		n-Decanol	$C_{10}H_{22}O$	0,83	27,5	12,70	1,47	n
21	Chlor-kohlen-wasser-stoffe	Di-Chlormethan (Methylen-chlorid)	CH_2Cl_2	1,33	28,1	0,44	7,97	n

n = nicht wasserlöslich, t = teilweise wasserlöslich, ∞ = unendlich wasserlöslich

Grundsätzlich gibt es für den Fall A zwei verschiedene Bemessungsvarianten:

Eindringtiefen für die Bemessung bei einmalig zeitlich begrenzter Beaufschlagung
Die in den obigen Gleichungen angegebene Eindringtiefe e_t entspricht der prüftechnisch ermittelten mittleren Eindringtiefe e_{tm} (siehe Kapitel 9.1). Demzufolge ist die für die Bemessung maßgebliche charakteristische Eindringtiefe e_{tk} definiert als

$$e_{tk} = e_{tm} \cdot 1{,}35$$

Im Allgemeinen geht man von einer Beaufschlagungsdauer von 72 Stunden, also von e_{72k} aus.

Für FD-Beton kann in dem Fall der einmalig zeitlich begrenzten Beaufschlagung die Eindringtiefe mit verschiedenen Ansätzen wie folgt ermittelt werden:

Zunächst ist zu unterscheiden, ob die physikalischen Kennwerte bekannt sind oder nicht. In Abhängigkeit davon kann die Eindringtiefe e_{tm} ermittelt werden. Aus Tafel 5 können für einige wassergefährdende Stoffe die maßgebenden Kennwerte entnommen werden.

Sind dynamische Viskosität η und Oberflächenspannung σ bekannt, kann die Eindringtiefe e_{72m} näherungsweise dem Bild 2 [4] entnommen werden.

Die dem Bild 2 zugrunde liegenden Eindringtiefen e_{tm} gelten für Betone, deren Austrocknungszustand der ca. zweimonatigen Lagerung eines Bohrkerns mit einem Ø 80 bis 100 mm bei Normklima entspricht. Unter Normklima versteht man eine Lufttemperatur von 20 °C und eine relative Luftfeuchtigkeit von 65 %. Im Normalfall entspricht der dem Diagramm zugrunde liegende Austrocknungszustand dem eines Außenbauteils bzw. eines überdachten Außenbauteils und Bauteilen mit Erdberührung.

Für den Fall, dass die physikalischen Eigenschaften nicht bekannt sind, kann vereinfacht von einer Eindringtiefe e_{tm} = 40 mm ausgegangen werden. Mit dieser Annahme liegt man auf der sicheren Seite, welche aber ggf. zu unwirtschaftlichen

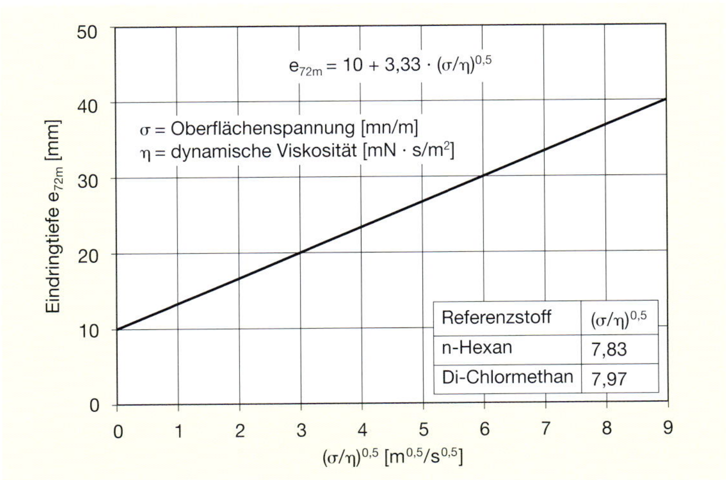

Bild 2: Ermittlung der Eindringtiefe e_{72m} für FD-Beton in Abhängigkeit von σ und η [4]

Konstruktionen führen kann. Die andere Möglichkeit ist, die Eindringtiefe für einzelne wassergefährdende Stoffe mit dem in Kapitel 9.1 beschriebenen Prüfverfahren zu ermitteln.

Bei beheizten, geschlossenen Innenräumen darf ohne weiteren Nachweis angenommen werden, dass sich die Eindringtiefe e_{tm} nach Bild 2 bzw. im Vergleich zu den Versuchsergebnissen nach 9.1.1 um den Faktor 1,5 vergrößert.

In einem nächsten Arbeitsschritt wird die für den Dichtheitsnachweis erforderliche charakteristische Eindringtiefe e_{tk}, die sich aus der Multiplikation der mittleren Eindringtiefe e_{tm} – im Regelfall nach 72 h – und dem Sicherheitsbeiwert von 1,35 ergibt, berechnet.

Beispiel 1:
Gegeben ist ein Bauteil, welches mit einem Dieselkraftstoff (dynamische Viskosität η = 5,21 mN · s/m^2, Oberflächenspannung σ = 27,5 N/mm^2) einmalig zeitlich begrenzt beaufschlagt wird.

Gesucht: Charakteristische Eindringtiefe e_{tk}

1. Ermittlung von $\sqrt{(\sigma/\eta)}$
$\sqrt{(27{,}5/5{,}21)} = \sqrt{5{,}28} = 2{,}30\ m^{0,5}/s^{0,5}$

2. Ablesen von e_{72m} aus Bild 2 / Bild 3
e_{72m} = 18 mm (exakt 17,6 mm)

3. Berechnung der charakteristischen Eindringtiefe e_{tk}
$e_{tk} = 1{,}35 \cdot e_{72m}$
$e_{tk} = 1{,}35 \cdot 18$ mm
$e_{tk} = 24{,}3$ mm

Wären die physikalischen Kennwerte nicht bekannt, müsste e_{72m} mit 40 mm angesetzt werden. Dies würde dann zu einer charakteristischen Eindringtiefe e_{tk} von 1,35 · 40 mm = 54 mm führen.

Mit diesen Eingangswerten kann anschließend der entsprechende Dichtheitsnachweis geführt werden (siehe Kapitel 5 und Beispiele in Kapitel 10).

FDE-Beton darf maximal die gleiche Eindringtiefe wie ein FD-Beton haben. Dieses ist durch einen Parallelversuch (siehe Kapitel 9.1.1) an einem FDE-Beton und am FD-Referenzbeton nachzuweisen. Die einzusetzenden Prüfmedien sind die

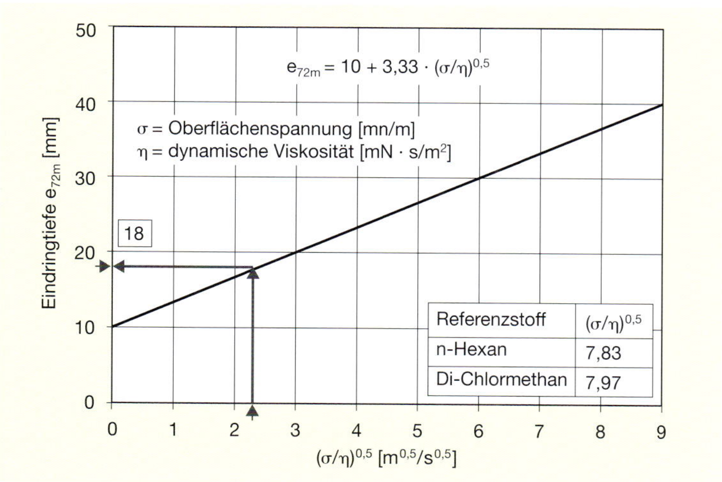

Bild 3: Eindringtiefe zu Beispiel 1, abgelesen aus Bild 2

wassergefährdenden Stoffe n-Hexan und Di-Chlormethan.

Eindringtiefen für die Bemessung bei intermittierender Beaufschlagung
Für den Fall der wiederholten zeitlichen Beaufschlagung mit konzentrierten organischen Stoffen müssen für die Bemessung sogenannte äquivalente Beaufschlagungszeiten ermittelt werden. Die Richtlinie des DAfStb [4] enthält in Teil 1 in Tabelle 1-3 Anhaltswerte in Abhängigkeit von der Beaufschlagungshäufigkeit für die im Einzelfall zu ermittelnden Werte (siehe Tafel 6). Dort wird unterteilt in einen geringen, einen mittleren und einen hohen Belastungszyklus. Bei Vorlage von entsprechenden Versuchsergebnissen können auch andere vergleichbare einmalige Beaufschlagungswerte verwendet werden.

Für den Sonderfall von mit Wasser vermischten wassergefährdenden Stoffen, wie z. B. bei Bunkern in Verbrennungsanlagen, kann davon ausgegangen werden, dass die Eindringtiefe während der Nutzungsdauer bei max. 50 mm liegt. Dieser Grenzwert wurde im Rahmen einer 20-jährigen Versuchszeit (Betriebszeit) ermittelt [4]. Der größte festgestellte Einzelwert der Eindringtiefe betrug 50 mm, der Mittelwert der maximalen Eindringtiefe lag bei 35 mm. Auf der sicheren Seite liegend bietet es sich für die rechnerischen Nachweise an, hier eine mittlere Eindringtiefe von e_{tm} = 50 mm anzusetzen, siehe auch Ablaufdiagramm in 4.3.1. Bei sehr trockenen Betonen, die keiner Bodenfeuchtigkeit von außen ausgesetzt sind, muss für die mit Abfall beaufschlagte Fläche eine konstante Eindringtiefe von e_{tm} = 75 mm in Ansatz gebracht werden.

Tafel 6: Intermittierende Beaufschlagung (Abfüllen und Umladen) [4]

S	1	2	3	4
Z	Häufigkeitsstufen nach Arbeitsblatt DWA-A 786	Beaufschlagungszyklus	äquivalente Beaufschlagung (gleiche Eindringtiefe)	Beispiel
1	gering	–	einmalig 8 h	Abfüllen: – bis zu viermal im Jahr [1)] oder – Spritz- und Tropfmengen werden durch technische Maßnahmen ausgeschlossen. Umladen: in Verpackungen, die den gefahrgutrechtlichen Anforderungen genügen oder gleichwertig sind
2	mittel	28 Tage je 5 h	einmalig 144 h	Abfüllen: – bis zu 200 Mal im Jahr [1)] oder – öffentliche Tankstelle Umladen: in Verpackungen, die den gefahrgutrechtlichen Anforderungen nicht genügen oder nicht gleichwertig sind
3	hoch	40 Tage je 5 h	einmalig 200 h	ohne Einschränkung der Abfüllhäufigkeit [2)]
4	–	–	einmalig 2 880 h	Bunker in Verbrennungsanlagen [1)] (Ersatzlastfall)

1) Arbeitsblatt DWA-A 786 gilt nicht für Bunker in Verbrennungsanlagen für feste Siedlungsabfälle mit vergleichbaren gewerblichen Abfällen. Böden von Bunkern sind bei Ausführung gemäß dieser Richtlinie als Ableitflächen auszubilden. Gegebenenfalls sind Zusatzmaßnahmen gegen besondere Einwirkungen erforderlich (vgl. Anhang B).
2) unter Verwendung gesonderter Auffangeinrichtungen für Tropfmengen

4.2.2 Fall B: Eindringen in ungerissenen Beton mit chemischem/mechanischem Angriff

Alle hoch konzentrierten anorganischen und organischen Säuren gehören zu den besonders stark betonangreifenden Flüssigkeiten. In der Regel haben diese Säuren u.a. einen sehr niedrigen pH-Wert. Anhaltswerte über die Einstufung in die Angriffsgrade können z.B. dem Cementbulletin [7] entnommen werden.

Da es sich, wie bereits erwähnt, gemäß der Richtlinie des DAfStb „Betonbau beim Umgang mit wassergefährdenden Stoffen" [4] im Unterschied zur DIN EN 206 [8], dem EC 2 [19], der DIN 1045-2 [9] und in Verbindung mit der DIN 4030-1 [22] um einen zeitlich begrenzten, sehr starken chemischen Angriff handelt, gelten die in den aufgezählten Regelwerken angesetzten Beurteilungskriterien (Expositionsklassen, Mindestfestigkeitsklassen etc) nicht.

Der Säureangriff ist durch eine chemische Reaktion des angreifenden Mediums mit den einzelnen Komponenten des Betons gekennzeichnet. Diese Reaktion kann unter Umständen sogar dazu führen, dass der Beton im geschädigten Bereich gar keine Festigkeit mehr besitzt. Im Gegensatz zum Eindringen von wassergefährdenden Stoffen ohne chemischen Angriff – Fall A – wird hier zusätzlich eine Schädigungstiefe betrachtet. Die für die Bemessung maßgebende charakteristische Schädigungstiefe s_{Ctk} wird im Normalfall prüftechnisch ermittelt. Dieses Prüfverfahren ist in Kapitel 9.3. beschrieben.

Aber auch hier gestattet die Richtlinie Vereinfachungen bzw. bietet Lösungen für Sonderfälle an.

Variante 1: Unlösliche Gesteinskörnung

Einige Gesteinskörnungen sind aufgrund ihrer mineralischen Zusammensetzung nicht beständig gegenüber starken Säuren und dürfen daher nur eingeschränkt entsprechend der Beanspruchung eingesetzt werden. Beispiele hierfür sind u.a. der salzsäurelösliche Basalt, Diabas, Gabbro, Granit und die Grauwacke. Unter der Voraussetzung, dass unlösliche Gesteinskörnung vorliegt, darf bei FD-Beton für ruhende bis leicht bewegte Säuren bis zu einer Zeit von 72 Stunden eine mittlere Schädigunstiefe s_{C72m} = 5 mm angesetzt werden. Sollte der chemische Angriff über einen Zeitraum von 72 Stunden bis zu max. 360 Stunden (15 Tage) hinausgehen, so darf die mittlere Schädigungstiefe s_{Ctm} nach folgender Gleichung berechnet werden:

$$s_{Ctm} = s_{C72m} \cdot \sqrt{\frac{t}{72}} = 5 \cdot \sqrt{\frac{t}{72}}$$

t [h]
s_{Ctm} [mm]
s_{C72m} [mm]

Der Tafel 7 können in Abhängigkeit von der Zeit exemplarisch die maßgebenden Schädigungstiefen entnommen werden.

Tafel 7: Schädigungstiefe s_{Ctm} bis zu einer Beaufschlagungszeit von 360 Stunden

t	[h]	72	80	90	100	110	120	130	140	150	160	170	180	190	200	210
s_{Ctm}	[mm]	5	5,3	5,6	5,9	6,2	6,5	6,7	7,0	7,2	7,5	7,7	7,9	8,1	8,3	8,5
t	[h]	220	230	240	250	260	270	280	290	300	310	320	330	340	350	360
s_{Ctm}	[mm]	8,7	8,9	9,1	9,3	9,5	9,7	9,9	10,0	10,2	10,4	10,5	10,7	10,9	11,0	11,2

Diese prüffreie Regelung gilt für alle flüssigkeitsdichten Betone, vorausgesetzt, dass das Massenverhältnis von Zement (z) zu Gesteinskörnung (g) kleiner als 1/5 ist.

Beispiel 2 (aus Tafel 3 in Kapitel 3.1):
Gegebene Betonzusammensetzung:
- $z = 300$ kg/m³
- $\rho_z = 3{,}0$ kg/m³
- $w = 160$ kg/m³
- $\rho_w = 1{,}0$ kg/m³
- $f = 80$ kg/m³
- $\rho_f = 2{,}32$ kg/m³

Luftporenanteil: 2,0 Vol.-%
$(w/z)_{eq} = 0{,}48$
Gesteinskörnung: Sieblinie A/B16, konstante Rohdichte über alle Korngruppen ($\rho_g = 2{,}60$ kg/dm³)

Dann ergibt sich g durch Umstellung aus der Stoffraumgleichung:

$$1.000\ \text{dm}^3 = \frac{z}{\rho_z} + \frac{w}{\rho_w} + \frac{g}{\rho_g} + \frac{f}{\rho_f} + \text{Luft (p)}$$

$g = 1.782$ kg/m³

Kontrolle: $z/g = 300/1.782$
$= 0{,}17 \leq 1/5\ (0{,}20)$
→ Ansatz für Variante 1 erfüllt

Bei Anwendung der Variante 1 sollte ggf. überlegt werden, ob in Anlehnung an die Ermittlung der charakteristischen Eindringtiefe e_{tk} wie in Fall A bei der Berechnung der charakteristischen Schädigungstiefe s_{Ctk} auf der sicheren Seite liegend noch ein Sicherheitsfaktor von 1,35 ($s_{Ctk} = 1{,}35 \cdot s_{Ctm}$) in Ansatz gebracht werden muss.

Variante 2: Lösliche Gesteinskörnung
Bei der Variante 2 sind zwei verschiedene Ansätze zu betrachten. Dies sind:

- Vermutlich geringere Schädigungstiefe als 5 mm
- Einwirkungszeiten, die über einen Zeitraum von 360 Stunden hinausgehen

In diesen Fällen darf gemäß Richtlinie [4] die charakteristische Schädigungstiefe s_{Ctk} nur prüftechnisch nach dem im Anhang A4 bzw. 9.3 beschriebenen Prüfverfahren ermittelt werden.

Bezüglich des Dichtheitsnachweises muss bei beiden Varianten berücksichtigt werden, dass zum einen die anzusetzende Bauteildicke h um die Schädigungstiefe s zu reduzieren ist. Zum anderen müssen für den Dichtheitsnachweis zusätzlich noch e_{tm} und e_{tk} gemäß der in Fall A beschriebenen Vorgehensweise ermittelt werden.

Dies wird in dem nachfolgenden Beispiel verdeutlicht.

Beispiel 3:
Ein Stahlbetonbecken mit einem normalen Überwachungsintervall hat eine Bauteildicke von h = 300 mm. Das Bauteil soll für die Beaufschlagung mit einer ruhenden, hoch konzentrierten Säure für einen Zeitraum von 290 h ausgelegt werden. Die Betonzusammensetzung besteht aus unlöslicher Gesteinskörnung und das Verhältnis z/g beträgt 0,16.

Gesucht: Eingangsparameter für den Dichtheitsnachweis

- Ermittlung der mittleren Schädigungstiefe s_{Ctm}
  Maßgebend Variante 1:
  aus Tafel 7 für t = 290 h
  $s_{C290m} = 10{,}0$ mm

- Ermittlung der charakteristischen Schädigungstiefe s_{Ct}

$s_{C290k} = 1{,}35^{1)} \cdot 10{,}0 \text{ mm} = 13{,}5 \text{ mm}$

- Ermittlung der mittleren Eindringtiefe e_{tm} nach Fall A
  Annahme: physikalische Kennwerte sind nicht bekannt
  $e_{72m} = 40 \text{ mm}$
  $e_{290m} = 40 \text{ mm} \cdot \sqrt{(290/72)} = 80{,}3 \text{ mm}$

- Ermittlung der charakteristischen Eindringtiefe e_{tk}
  $e_{tk} = 1{,}35 \cdot e_{tm}$
  $e_{290k} = 1{,}35 \cdot 80{,}3 \text{ mm} = 108{,}4 \text{ mm}$

- Ermittlung des Restquerschnitts h_r, der für den rechnerischen Dichtheitsnachweis betrachtet werden muss
  – Bauteildicke h = 300 mm
  – $s_{C290k} = 13{,}5 \text{ mm}$
  – Restquerschnitt $h_r = h - s_{Ctk} = 300 \text{ mm} - 13{,}5 \text{ mm} = 286{,}5 \text{ mm}$

Der Dichtheitsnachweis erfolgt gemäß Kapitel 5.1 und ist hier nur der Vollständigkeit halber mit aufgeführt. Erläuterungen und allgemeine Vorgehensweise siehe Kapitel 5.

Dichtheitsnachweis:
$h \geq \gamma_e \cdot e_{tk}$
γ_e = Sicherheitsbeiwert [4], Tab. 1-1
γ_e = 1,50 (normales Überwachungsintervall)

$286{,}5 \text{ mm} \geq 1{,}50 \cdot 108{,}4 \text{ mm}$
$286{,}5 \text{ mm} \geq 162{,}60 \text{ mm}$

→ Dichtheitsnachweis erfüllt!

4.2.3 Fall C: Eindringen in gerissenen Beton ohne chemischen Angriff

Beim Eindringen von nicht betonangreifenden wassergefährdenden Stoffen in gerissenen Beton werden zwei Varianten betrachtet:

- Betonbauteile mit Biegerissen
- Betonbauteile mit Trennrissen

Diese Unterteilung wird noch weiter differenziert in:

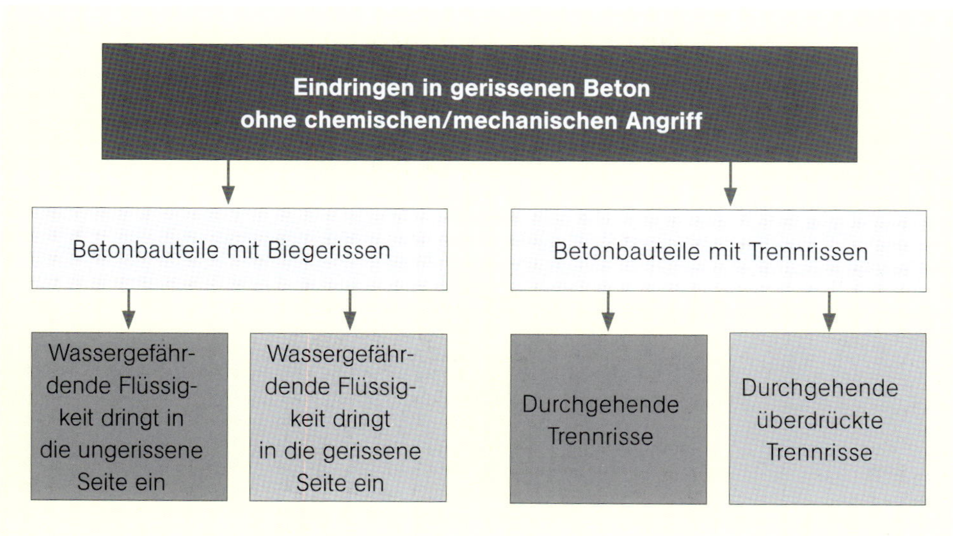

[1] Empfehlung Sicherheitsfaktor ≈ 1,35 analog zu e_{tk}

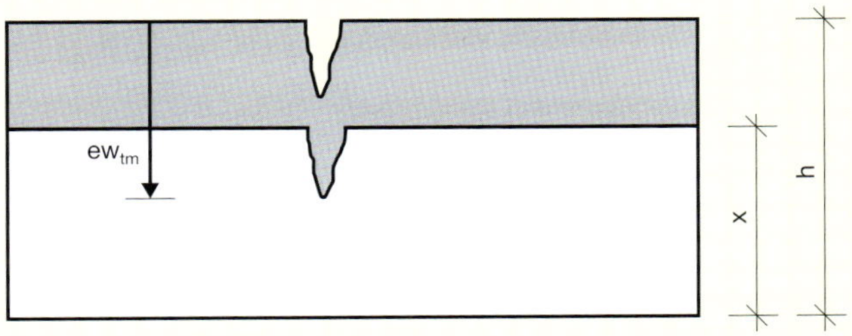

Bild 4: Biegeriss – Eindringen der wassergefährdenden Flüssigkeit in die gerissene Seite (nach [24])

Biegerisse: Eindringen der wassergefährdenden Flüssigkeit in die ungerissene Seite

Für die Ermittlung der Eindringtiefen e_{tm} und e_{tk} gilt hier im Wesentlichen das Gleiche wie für Fall A.

Biegerisse: Eindringen der wassergefährdenden Flüssigkeit in die gerissene Seite

An gerissenen Bauteilen ermittelte Eindringtiefen werden mit ew gekennzeichnet. Die zulässige Eindringtiefe ist abhängig von der Tiefe des Risses. Zunächst erfolgt analog zu Fall A die Ermittlung der mittleren Eindringtiefe ew_{tm}. Bei der Berechnung der charakteristischen Eindringtiefe ew_{tk} ist jedoch die Risstiefe (h-x) – siehe Bild 4 – zu berücksichtigen.

Betonbauteile mit durchgehenden (Trenn-)Rissen

Die mittlere Eindringtiefe für wassergefährdende Medien kann in diesem Fall nur prüftechnisch mit dem in 9.2 beschriebenen Prüfverfahren ermittelt werden.

Die für den Dichtheitsnachweis (siehe auch Kapitel 5) anzusetzende charakteristische Eindringtiefe ew_{tk} ergibt sich zu:

$$ew_{tk} = ew_{tm} \cdot 1{,}35$$

Der Effekt der möglichen Selbstheilung darf hier nicht angesetzt werden. Selbst bei sehr kleinen Rissen ist im Normalfall nur durch die Einwirkung von Wasser eine Selbstabdichtung, z. B. durch Schwebstoffe oder durch Quellen der Rissufer denkbar. Werden die Trennrisse jedoch von organischen Flüssigkeiten durchströmt, darf nicht davon ausgegangen werden, dass eine Selbstheilung stattfinden wird. Schlimmstenfalls kann es in Abhängigkeit von der Rissbreite, ggf. dem Flüssigkeitsdruck und der Aggressivität des durchfließenden Mediums zu einer Rissaufweitung kommen.

Betonbauteile mit durchgehenden überdrückten (Trenn-)Rissen

Die Bemessungsgrundlagen basieren auf der Annahme, dass der Rechenwert der Rissbreite $w_{k,cal}$ infolge einer Zugbeanspruchung ermittelt wurde. Durch das frühzeitige Aufbringen einer Vorspannung kann zum einen die Rissbildung verhindert werden oder auch zum anderen die bei der Herstellung entstandenen Risse überdrückt werden, um somit dem mit Trennrissen verbundenem Dichtheitsproblem entgegenzuwirken. Die maximal zulässige Rissbreite $w_{k,cal}$, die überdrückt werden soll, ist auf 0,1 mm beschränkt. Außerdem gilt das Bemessungskonzept nur für den Fall, dass eine einmalige Beaufschlagung vorliegt. Die mittlere Eindringtiefe wird grafisch – siehe Bild 5 – ermittelt. In diesem Diagramm ist in Abhängigkeit von der für die Überdrückung erforderlichen Betondruckspannung σ_b und der dynamischen Viskosität η die Eindringtiefe ew_{72m} aufgetragen. Bei einer Überdrückungsspannung von σ_b = 0 N/mm² wird davon ausgegangen, dass die Risse überdrückt sind und die Rissbreite kleiner als $w_{k,cal}$ = 0,1 mm ist.

Ist eine andere von 72 Stunden abweichende einmalige Beaufschlagung (8 bis 200 Stunden) zu erwarten, so kann die in Ansatz zu bringende Eindringtiefe wie folgt ermittelt werden:

$$ew_{tm} = ew_{72m} \cdot \sqrt{\frac{t}{72}}$$

Hierbei ist:

ew_{tm} = mittlere Eindringtiefe in Trennrisse nach einer Einwirkungsdauer von t Stunden [mm]

ew_{72m} = mittlere Eindringtiefe in Trennrisse bei einer Beaufschlagungsdauer von 72 Stunden [mm]

t = Beaufschlagungsdauer [h]

Bei der Ermittlung der mittleren Eindringtiefe ew_{tm} sind noch drei Sonderfälle zu beachten:

1. Falls der wassergefährdende Stoff mit Wasser mischbar ist, darf ew_{tm} um 30 % abgemindert werden.

2. Werden Bauteile durch Biegemomente mit wechselnden Vorzeichen beansprucht, so sollte bei der rechnerisch ermittelten Betondruckspannung eine doppelte Eindringtiefe berücksichtigt werden.

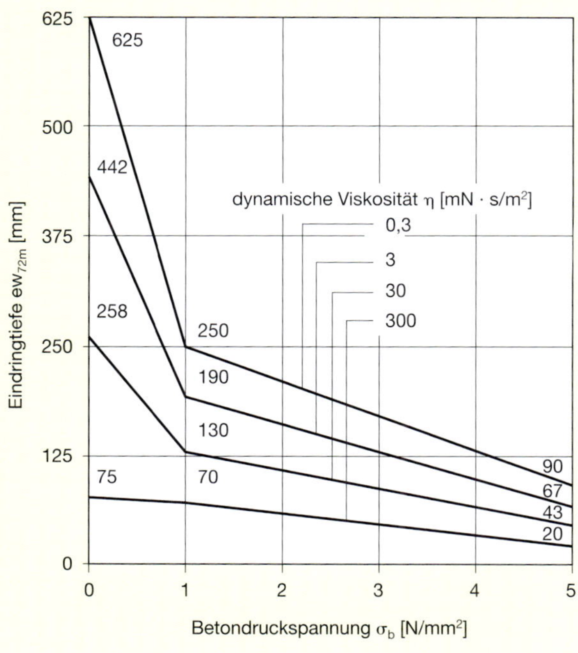

Bild 5: Eindringtiefe ew_{72m} in zentrisch überdrückte Trennrisse mit einer Ausgangsrissbreite von w_{cal} = 0,10 mm nach 72-stündiger Beaufschlagung mit 1,40 m Druckhöhe des wassergefährdenden Stoffes [4]

3. Für den Fall, dass in dem Bauteil ständig hohe Feuchtegehalte vorherrschen, sollten die Rechenwerte um 25 % erhöht werden.

Der Rechenwert der charakteristischen Eindringtiefe ew_{tk} errechnet sich analog zu Fall A:

$$ew_{tk} = 1{,}35 \cdot ew_{tm}$$

Besteht die Betonzusammensetzung aus quellfähigen und löslichen Betonzusatzstoffen, so ist zu berücksichtigen, dass die Rissflanken unter Umständen weniger saugfähig sind. Daher wird es hier nicht unbedingt zu der gleichen Rissweitenreduzierung (Selbstheilung) kommen wie bei Betonen ohne quellfähige und lösliche Zusatzstoffe. Der Rechenwert der Eindringtiefe kann nur nach dem in Kapitel 9.2 beschriebenen Prüfverfahren bestimmt werden. Dies gilt auch für die intermittierende Beaufschlagung und bei Nichtanwendbarkeit des Diagramms, wie z. B. bei unbekannter Viskosität.

4.2.4 Fall D: Eindringen in gerissenen Beton mit chemischem Angriff

Bei dem Eindringen von chemisch angreifenden wassergefährdenden Stoffen in gerissenen Beton werden zwei Varianten betrachtet:

- einseitige Biegerisse
- Bauteile mit Trennrissen

Einseitige Biegerisse

Hier sind sinngemäß die Ausführungen in Kombination aus Fall B und C (Eindringen in ungerissenen und gerissenen Beton mit chemischem/mechanischem Angriff) anzusetzen. Dies bedeutet, dass die Schädigungstiefe berücksichtigt werden muss und der Dichtheitsnachweis am Restquerschnitt durchgeführt wird.

Bauteile mit Trennrissen

In diesem Fall kann der chemische Angriff sowohl zu einer Verringerung als auch zu einer Erhöhung des Transports des wassergefährdenden Stoffs führen. Hier muss im Einzelfall die Auswirkung beurteilt werden und ggf. durch die in 9.2 beschriebenen Prüfungen nachgewiesen werden. Ebenso ist eine mögliche Bewehrungskorrosion (Betonstahl, Spannstahl, Fasern) in Betracht zu ziehen und zu beurteilen.

4.2.5 Eindringtiefen von wassergefährdenden Stoffen bei zusätzlichem mechanischem Angriff (Verschleiß)

Erfahrungsgemäß können neben den chemisch-physikalischen Beanspruchungen auch noch mechanische Beanspruchungen, wie z. B. Verschleiß, auf das Bauteil einwirken. Dann muss die Bemessung unter Berücksichtigung der mechanischen Schädigungstiefe s_{Vt}, die zum Zeitpunkt der Beaufschlagung zu erwarten ist, erfolgen. Dies gilt nicht für Bauteile, die gar nicht oder nur mit gummibereiften Fahrzeugen befahren werden.

Im Normalfall ist es sehr schwer, die reell im Bauteil auftretenden Beanspruchungen einzuschätzen. Daher wird im Allgemeinen die Schädigungstiefe aus Erfahrungswerten abgeleitet. So wurden z. B. für Bunker in Verbrennungsanlagen im Rahmen eines groß angelegten Versuchsprogramms die in Bild 6 dargestellten Abtragstiefen durch Greiferanprall ermittelt.

Falls überhaupt keine Erfahrungen über eine mögliche mechanische Schädigungstiefe an bekannten Betonen vorliegen und keine Abschätzung erfolgen kann, werden Vergleichsprüfungen mit der Böhme-Scheibe (DIN 52108) [23] durchgeführt.

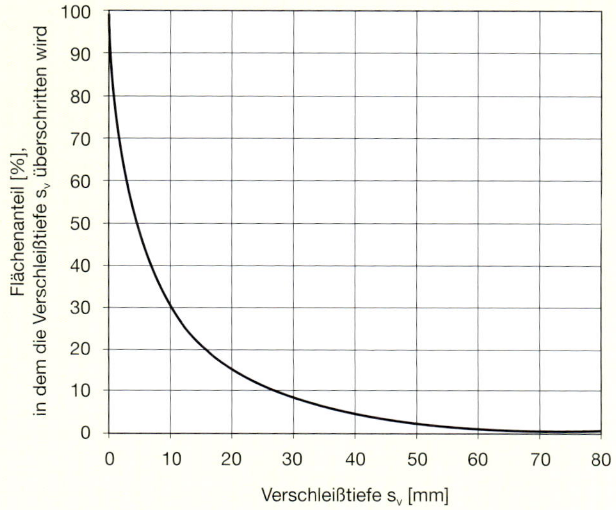

Bild 6: Verteilungskurve für mechanische Abtragstiefen durch Greiferanprall innerhalb von zehn Jahren [4]

In der in 3.1 beschriebenen Zusammensetzung eines FD-Betons sind schon weitgehend alle Maßnahmen zur Verringerung des Verschleißes enthalten. Gebrochene Gesteinskörnung mit gedrungener Form und rauer Fläche führt zu einer Erhöhung des Verschleißwiderstands. Bei der Betonzusammensetzung empfiehlt es sich, das Größtkorn auf 16 mm zu begrenzen. Eine Verbesserung des Verschleißwiderstands kann auch durch die Zugabe von ca. 35 kg bis 60 kg Stahlfasern je m^3 Beton erreicht werden.

4.3 Ablaufdiagramme zur Ermittlung der maßgebenden Eindringtiefe e_{tm} 4.3

Analog zu den nachfolgenden Ablaufdiagrammen befinden sich in Kapitel 10 praktische Beispiele, die die Vorgehensweise noch weiter verdeutlichen.

4.3.1 Fall A: Eindringen in ungerissenen Beton ohne chemischen Angriff

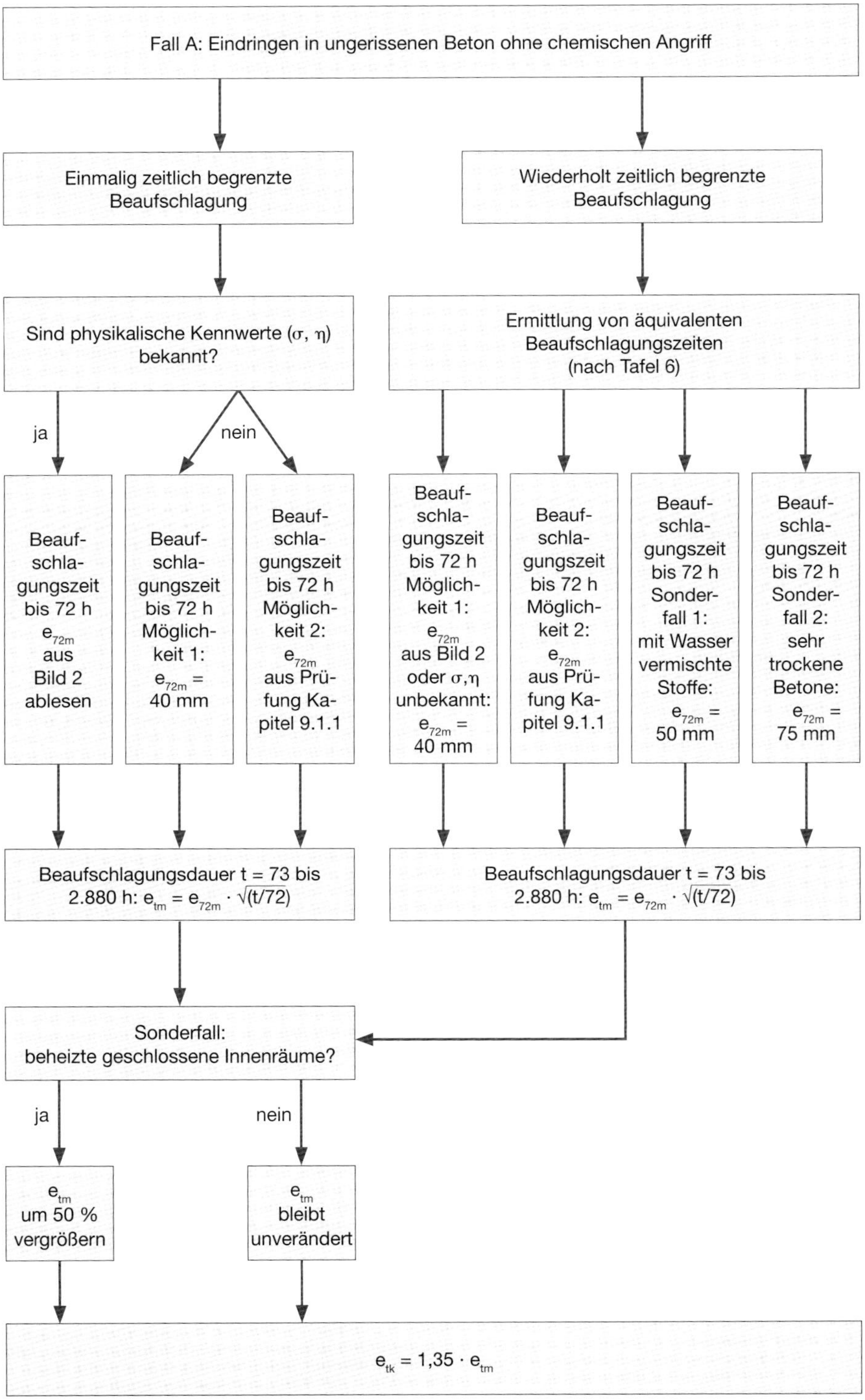

4.3.2 Fall B: Eindringen in ungerissenen Beton mit chemischem Angriff

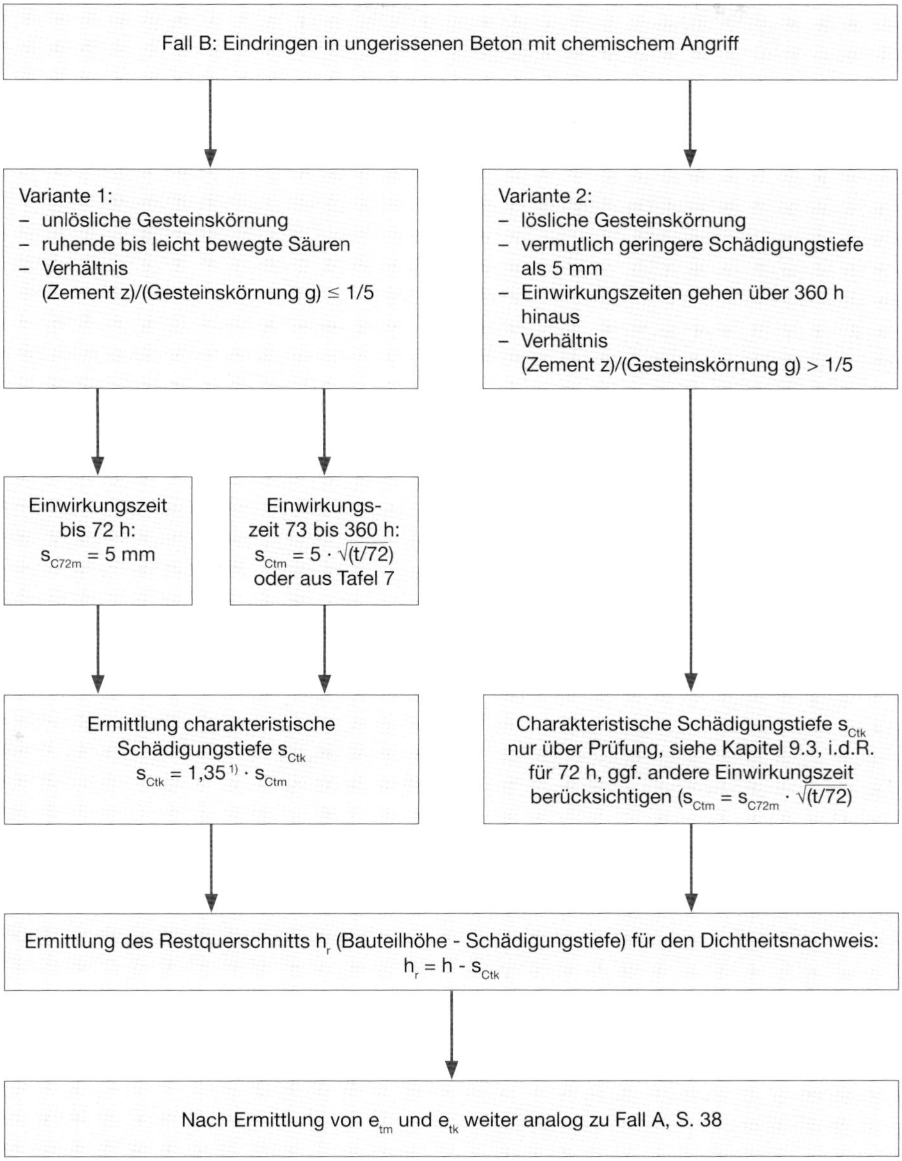

1) Empfehlung: In Anlehnung an die Ermittlung von e_{tk}

4.3.3 Fall C: Eindringen in gerissenen Beton ohne chemischen Angriff

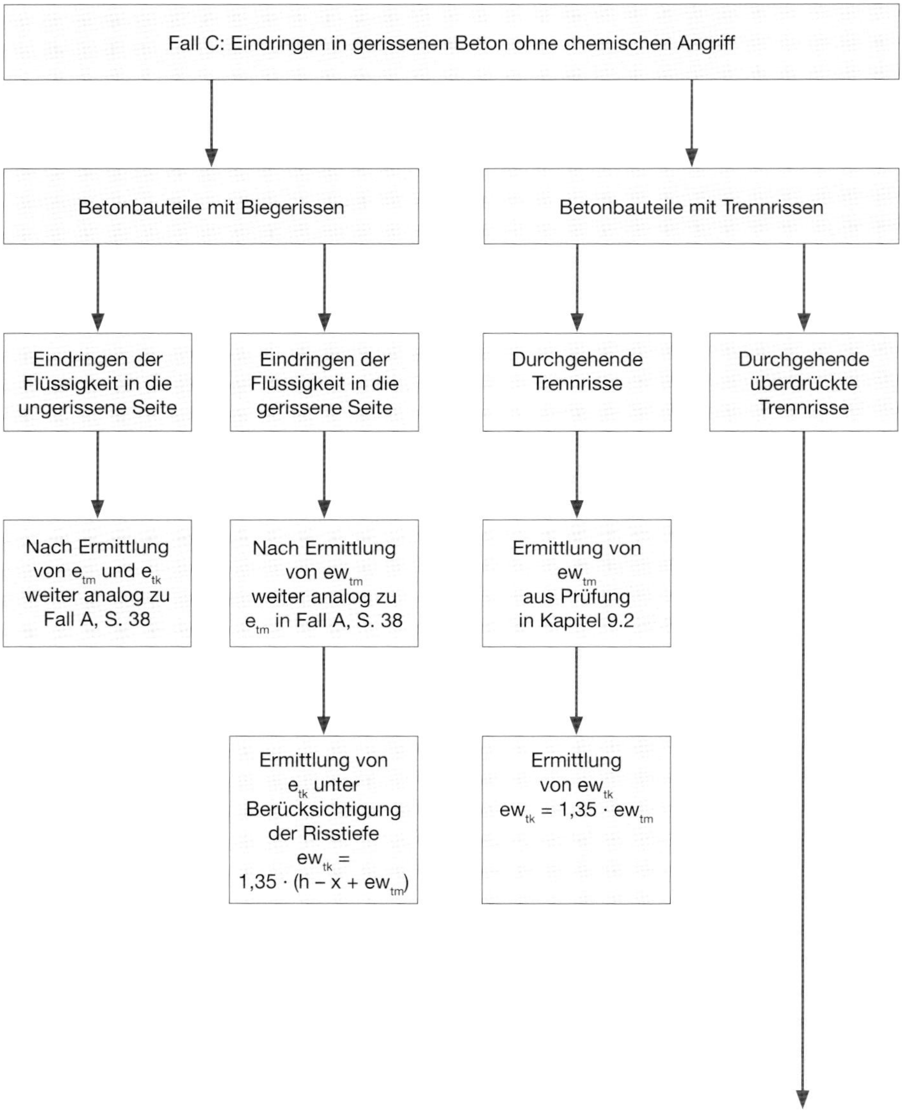

Fortsetzung auf Seite 41

4.3.3 Fall C: Eindringen in gerissenen Beton ohne chemischen Angriff (Fortsetzung)

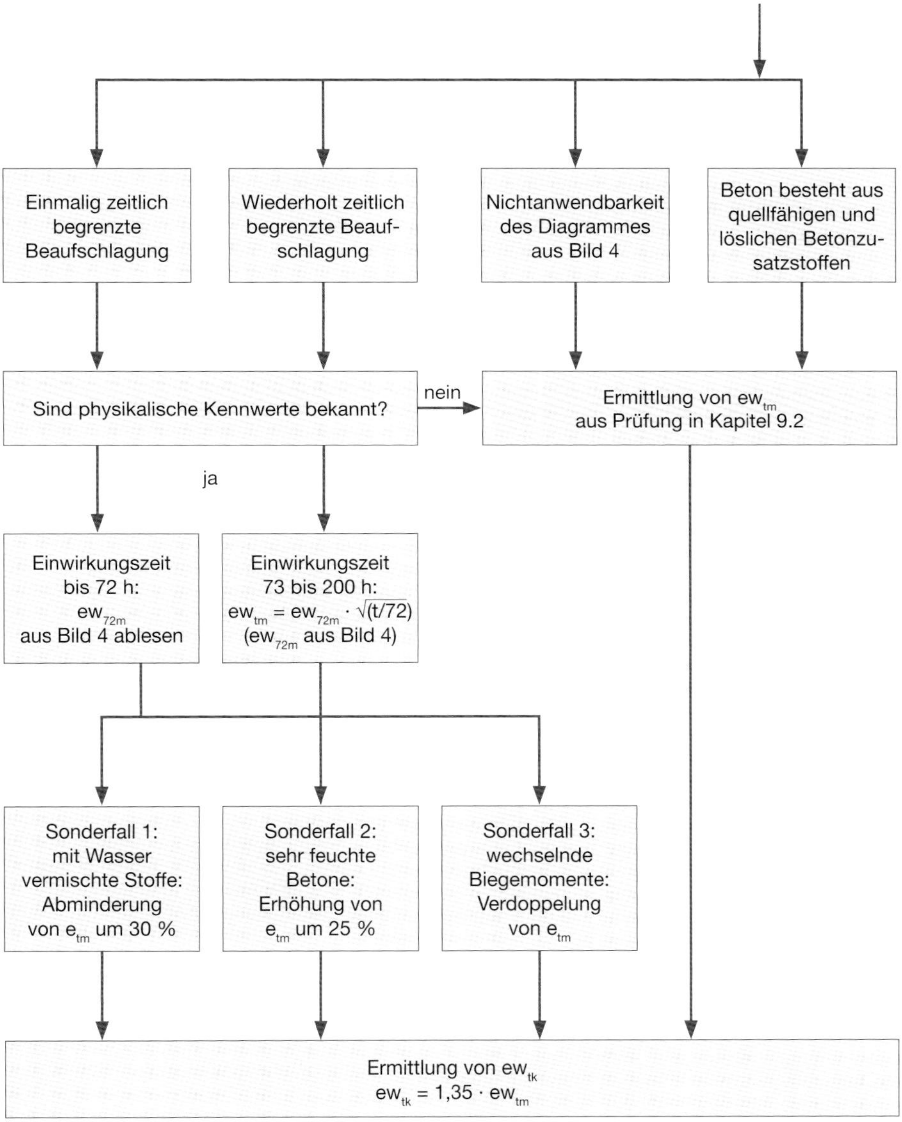

4.3.4 Fall D: Eindringen in gerissenen Beton mit chemischem Angriff

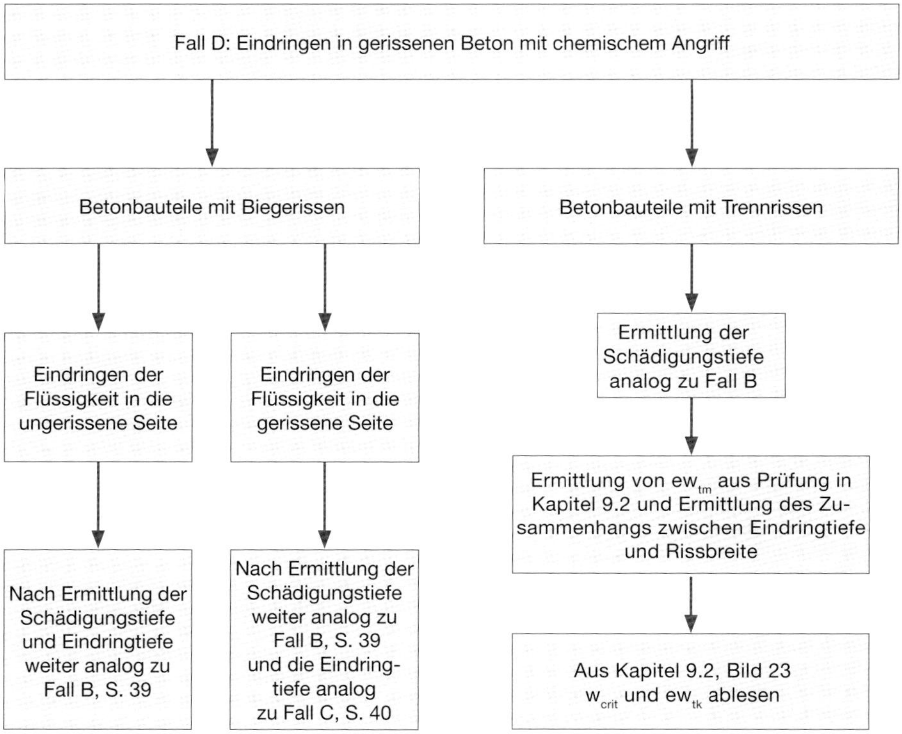

5 Nachweise der Dichtheit

Während in anderen Bereichen die Dichtheit von Behältern aus Stahlbeton über Leckagesysteme überwacht werden darf, ist bei Auffangbauwerken eine Leckrate nicht zulässig. Durch die Anforderungen aus dem WHG (Besorgnisgrundsatz im § 62) [1] ist eine absolute Dichtheit zu gewährleisten, die über eine entsprechende technische Umsetzung zu realisieren ist.

Infolge sich überlagernder Beanspruchungen kann das Bauteil unterschiedlichen Belastungszuständen ausgesetzt sein. Eine Bemessung ist im Zustand I oder II zu führen. Entsprechend den Fällen A und B muss jedoch auch bei der Bemessung zwischen Beaufschlagungen mit betonangreifenden und nicht betonangreifenden wassergefährdenden Stoffen unterschieden werden.

Ein Umbau oder eine Nutzungsänderung erfordert einen erneuten Nachweis der Dichtheit. Übergänge oder Bewegungsfugen sind nach 5.1.7 Teil 1 der BUmwS [4] gesondert auszubilden.

5.1 Nachweis der Dichtheit beim Eindringen von nicht betonangreifenden wassergefährdenden Stoffen 5.1

Unter Einhaltung der unten angegebenen Rahmenbedingungen darf der vereinfachte Nachweis der Dichtheit geführt werden. Der Bewehrungsgehalt kann dann vereinfachend über Tafel 8 aus [4] ermittelt werden.

Forderungen für den vereinfachten Nachweis:

- FD-, FDE-Beton mindestens Druckfestigkeitsklasse C30/37
- Länge und Breite der Platten ≤ 50 m
- keine Verzahnung mit dem Untergrund
- $q \leq 10$ kN/m²
- Gleitschicht (zwei Lagen PE-Folie)
- Druckzonendicke $x \geq \gamma_e \cdot e_{tk}$
- Druckzonendicke $x \geq 2 \cdot D_{max}$
- Druckzonendicke $x \geq 30$ mm
- Bewehrung nach Tafel 8 [4] in Abhängigkeit von Bauteildicke und Eindringtiefe
- In aufgehenden Wänden müssen mindestens alle 3 m vertikale Bewegungsfugen angeordnet werden, wenn diese Wände monolithisch mit der Bodenplatte verbunden sind.

  Ist der vereinfachte Nachweis nicht anwendbar oder stehen dem wirtschaft-

Tafel 8: Bewehrungsgehalt je Lage und Richtung in cm²/m für d_1 = 35 mm (in Klammern: d_1 = 50 mm), wenn kein genauer Nachweis geführt wird [4]

	1	2	3	4	5	6	7	8	9	10
	Eindringtiefe e_{tm} [1)] [mm]	Bauteildicke h [mm]								
		200	250	300	350	400	450	500	550	600
1	60	– [2)]	– [2)]	– [2)]	– [2)]	35,9 (37,9)	31,2 (32,5)	27,9 (28,9)	25,6 (26,4)	23,9 (24,5)
2	50	– [2)]	– [2)]	– [2)]	29,2 (31,0)	25,1 (26,2)	22,4 (23,2)	20,5 (21,1)	19,2 (19,7)	18,3 (18,7)
3	40	– [2)]	– [2)]	22,6 (24,2)	19,2 (20,2)	17,2 (17,8)	15,9 (16,3)	15,0 (15,3)	14,4 (14,7)	14,0 (14,3)
4	30	– [2)]	16,4 (17,7)	13,8 (14,6)	12,5 (12,9)	11,7 (12,0)	11,2 (11,5)	11,0 (11,2)	10,9 (11,1)	10,9 (11,0)
5	20	10,6 (11,5)	9,1 (9,6)	8,5 (8,7)	8,2 (8,4)	8,2 (8,3)	8,2 (8,3)	8,4 (8,5)	8,6 (8,6)	8,8 (8,9)
6	10	5,4 (5,6)	5,5 (5,6)	5,6 (5,7)	5,9 (6,0)	6,2 (6,3)	6,6 (6,6)	6,9 (6,9)	7,3 (7,3)	7,6 (7,7)
7	Mindestbewehrung nach Abschnitt 6 [3)] für Beton der Druckfestigkeitsklasse C30/37	7,7	9,6	11,5	13,4	15,3	17,2	19,1	21,0	22,9

1) Eindringtiefe gemäß Teil 2, Gleichung (2–4) aus [4]
2) nicht ausführbar
3) Bei Einsatz von Stahlfaserbeton gelten die Angaben in der DAfStb-Richtlinie „Stahlfaserbeton".

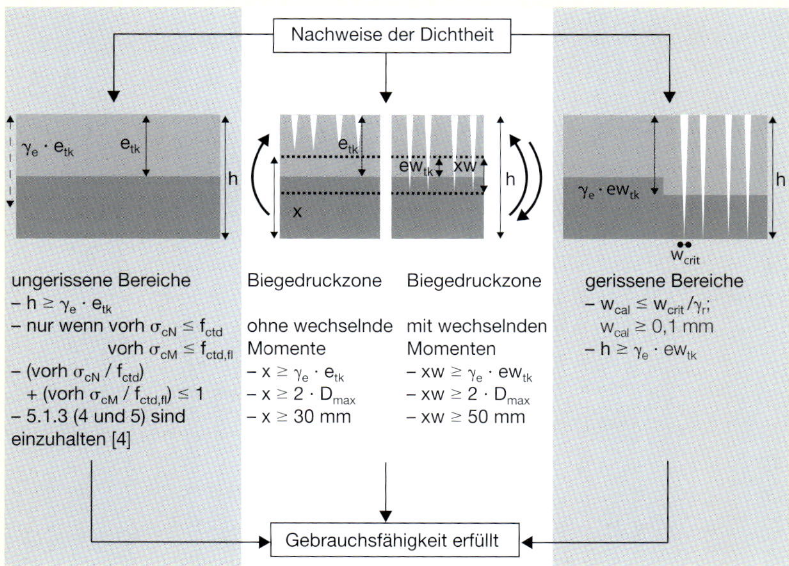

Bild 7: Systemskizze zum Nachweis der Dichtheit bei nicht betonangreifenden wassergefährdenden Stoffen (nach [4])

liche Gründe entgegen, so müssen die Nachweise umfangreicher geführt werden. Dabei ist zwischen ungerissenem, gerissenem und teilgerissenem Querschnitt zu unterscheiden; ein Überblick ist dem Schema in Bild 7 zu entnehmen.

Erklärungen zu den in Bild 7 verwendeten Variablen:

h = Bauteildicke [mm]
γ_e = Sicherheitsbeiwert nach Tabelle 1-1 [4]
e_{tk} = charakteristische Eindringtiefe [mm]
D_{max} = Nennwert des Größtkorns der Gesteinskörnung [mm]
x = Druckzonendicke [mm]
x_w = Dicke der vorgerissenen Druckzone [mm]
ew_{tk} = charakteristische Eindringtiefe in einen Riss nach einer Beaufschlagungsdauer von t Stunden [mm]
w_{cal} = größte rechnerische Rissbreite unter Gebrauchsbeanspruchung [mm]
w_{crit} = kritische Rissbreite, bei der in Abhängigkeit vom Medium die Bauteildicke h in der Zeit t durchdrungen wird [mm]
γ_r = Sicherheitsbeiwert nach Tabelle 1-1 [4]
f_{ctd} = Bemessungswert der zentrischen Zugfestigkeit nach DIN EN 1992-1-1 [19]
$f_{ctd,fl}$ = Bemessungswert der Biegezugfestigkeit nach DIN EN 1992-1-1 [19]
σ_{cN} = maßgebende Betonzugspannung infolge Normalkraft im Zustand I unter Berücksichtigung von Last und Zwang
σ_{cM} = maßgebende Betonrandzugspannung infolge Biegemoment im Zustand I unter Berücksichtigung Last, Zwang und Eigenspannungen

Bemessungsbeispiele machen deutlich, dass der Nachweis des ungerissenen Betons bei schlaff bewehrter Konstruktion für besonnte Flächen nur in Ausnahmefällen geführt werden kann [4]. Der Nachweis gelingt z. B. für Bauteildicken $h < 20$ cm mit geringen zusätzlichen Beanspruchungen, für Beton mit nachgewiesener hoher Zugfestigkeit (z. B. kunststoffmodifizierter Beton) oder für vorgespannte Bauteile.

Mehrschichtige Konstruktionen können Vorteile bringen, z. B. mehrere Lagen Stahlbeton oder Stahlbeton auf hydraulisch gebundener Tragschicht. Bei gut gewähltem Aufbau ist hierdurch eine erhebliche Verminderung der auftretenden Spannungen erzielbar [4]. Auf Zug beanspruchte Querschnittsbereiche müssen zur Gewährleistung der Rissverteilung eine Mindestbewehrung erhalten. Beim Nachweis der Dichtheit darf in folgenden Fällen auf eine Mindestbewehrung verzichtet werden:

- Für kleinformatige Auffangbauwerke von $L \leq 2{,}5$ m darf die Mindestbewehrung unterschritten werden, allerdings sind praxisnahe Dichtheitsnachweise am Bauteil zu führen.
- Bei ebenen Bauteilen mit Längen $L \leq 2{,}5$ m, wenn die Dichtheitsnachweise für ungerissene Bereiche geführt wurden
- Bei ebenen Bauteilen mit Längen L über 2,5 m bis 5,0 m und entsprechender Ausnutzung der Betonzugspannungen aus Normalkräften und Momenten für ungerissene Bereiche

Die Wirkung von Stahlfasern darf bei der Mindestbewehrung berücksichtigt werden. Die Bemessung erfolgt entsprechend der DAfStb-Richtlinie „Stahlfaserbeton“ [20]. Die notwendigen Gehalte der Kombination aus Betonstahlbewehrung und Stahlfasern ergeben sich aus den Leistungsklassen (L1 und L2), die für den entsprechenden Stahlfaserbeton angegeben werden.

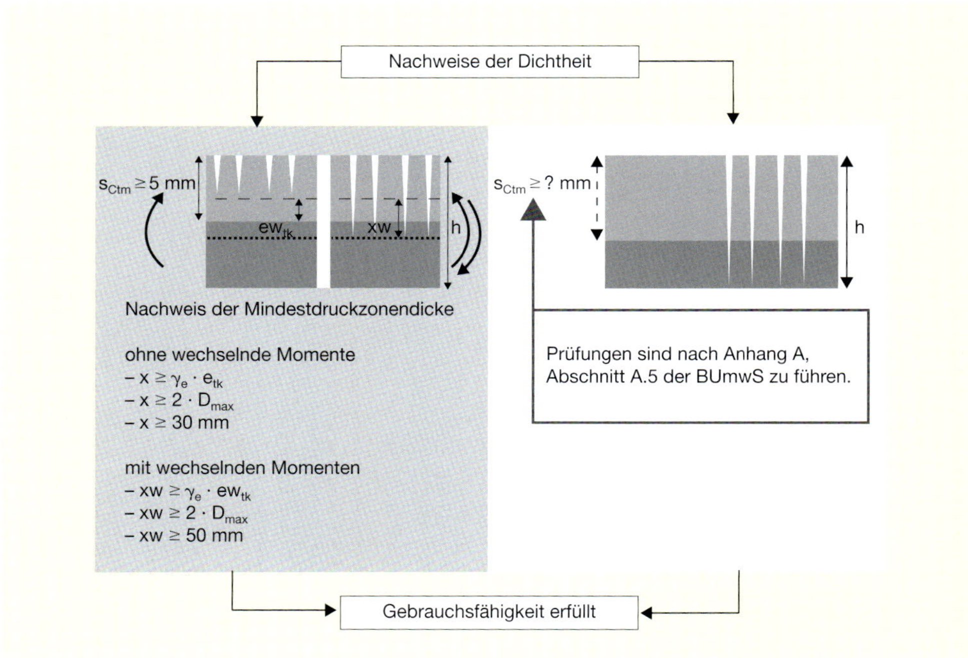

Bild 8: Systemskizzen zum Nachweis der Dichtheit bei betonangreifenden wassergefährdenden Stoffen nach [4]

Kunststoff- oder Glasfasern dürfen bei der Bemessung nicht in Ansatz gebracht werden, sondern dienen lediglich der Verbesserung des frühplastischen Schwindens oder der Verbesserung der Dichtheit durch quellfähige Bestandteile. Generell brauchen diese Fasern aber eine Zulassung, die die Unbedenklichkeit gegenüber dem Beton nachweist.

Beim Nachweis der Mindestdruckzonendicke x wird diese mit der Eindringtiefe e_{tk} verglichen. Voraussetzung für die Anwendung des Nachweises ist jedoch, dass keine wechselnden Momente mit jeweils risserzeugenden Beanspruchungen auftreten. Kommt es dennoch zum Auftreten wechselnder Momente, so ist der Nachweis über die Dicke der vorgerissenen Druckzone xw zu führen und mit der Eindringtiefe in den gerissenen Beton ew_{tk} zu vergleichen.

Eine weitere Möglichkeit, die Dichtheit der Konstruktion nachzuweisen, ist der Rissbreitennachweis. Auch dabei wird der Nachweis über die Eindringtiefe ew_{tk} gegenüber der Bauteildicke h geführt. Die Gewährleistung der Dichtheit ist einerseits abhängig von der Rissbreite, aber auch vom Eindringverhalten der wassergefährdenden Flüssigkeit. Zusätzlich unterliegt die Rissbreite (w_{cal} ≥ 0,1 mm) w dabei naturgemäß einer Streuung.

5.2

5.2 Nachweis der Dichtheit beim Eindringen von betonangreifenden wassergefährdenden Stoffen

Abweichend vom Nachweis der Dichtheit bei nicht betonangreifenden wassergefährdenden Stoffen darf auch ein Teil des Betons als Verschleißschicht angesehen werden, indem betonangreifende Stoffe während einer Beaufschlagung den Beton schädigen und den zur Verfügung stehenden Betonquerschnitt schädigen. Die Nachweise sind hierbei über die Schädigungstiefe s_{Ctm} zu führen, die in Vorversuchen bestimmt, aber mindestens mit 5 mm angesetzt werden muss (siehe u. a. auch 4.2.2 und 4.2.4). Die Bemessung im gerissenen Zustand wird in zwei Fälle gegliedert, einerseits in Bauteile mit durchgehenden, andererseits in Bauteile mit durchgehend überdrückten Rissen. In beiden Fällen sind separate Nachweise entsprechend Teil 2 der Richtlinie [4] zu führen, siehe auch Ablaufdiagramme in 4.3.4.

Für den Fall des vollständig gerissenen Querschnitts kann der Nachweis der Dichtheit nicht mehr über eine Bemessung geführt werden. Hierzu sind Nachweise entsprechend den Laborprüfungen aus dem Anhang der BUmwS zu führen. Hintergrund ist die fehlende Kenntnis der Wechselwirkung zwischen dem Beton und dem betonangreifenden wassergefährdenden Stoff. Neben einer Aufweitung der Risse kann es auch zu einer Selbstabdichtung kommen, die nur versuchstechnisch bestimmt werden kann (Bild 8).

Erklärungen zu den in Bild 8 verwendeten Variablen:

h = Bauteildicke [mm]
γ_e = Sicherheitsbeiwert nach Tabelle 1-1 [4]
e_{tk} = charakteristische Eindringtiefe [mm]
D_{max} = Nennwert des Größtkorns der Gesteinskörnung [mm]
x = Druckzonendicke [mm]
xw = Dicke der vorgerissenen Druckzone [mm]
ew_{tk} = charakteristische Eindringtiefe in einen Riss nach einer Beaufschlagungsdauer von t Stunden [mm]
S_{Ctm} = mittlere Schädigungstiefe durch chemischen Angriff nach einer Einwirkzeit von t Stunden

6 Konstruktion und Bauausführung

Grundsätzlich sollte bei der Planung von Betonbauteilen für den Umgang mit wassergefährdenden Stoffen das Ziel sein, eine möglichst zwangfreie Konstruktion mit wenigen Bewehrungsstößen herzustellen. Durch Zwangsspannungen, die u. a. durch Hydratationswärmeentwicklung, Temperatureinwirkungen oder auch durch Schwindvorgänge entstehen können, vergrößert sich die Gefahr einer möglichen Rissbildung. Wird die Betonzugfestigkeit bzw. Zugbruchdehnung erreicht, führt dies zu Rissen. Zur Vermeidung bzw. Minimierung von Zwang- oder Eigenspannungen müssen neben den u. a. in 3.1 und 3.2 geschilderten betontechnologischen Maßnahmen auch konstruktive und ausführungstechnische Grundsätze beachtet werden.

Die Richtlinie [4] gibt in Teil 1 Empfehlungen und Vorgaben, die bei der Herstellung von Auffangbauwerken aus Beton beachtet werden müssen. In den nachfolgenden Abschnitten werden die wesentlichen Maßnahmen vorgestellt.

6.1 Entwurfs- und Konstruktionsgrundsätze für den Bau von Auffangbauwerken aus Beton

Betonbauteile mit Dichtfunktion sind so auszubilden, dass sie möglichst zwangfrei und vorrangig in einem Arbeitsgang hergestellt werden können. Ist dies nicht möglich, ist zum einen nachzuweisen, dass das Bauteil trotzdem dicht ist, und zum anderen ist ein Fugenplan anzufertigen. Des Weiteren sind zusätzlich die rechnerischen Nachweise bezüglich des Zwangs aus abfließender Hydratationswärme in Ansatz zu bringen. Da Fugen potenzielle Schwachstellen bilden (siehe auch Kapitel 6.3.3), sind möglichst wenige Arbeits- und Bewegungsfugen auszuführen. Die Kombination aus einer möglichst fugenlosen und zwangfreien Konstruktion bedarf einer betontechnologischen Optimierung der Betonzusammensetzung. Dies ist z. B. in Zusammenarbeit mit einem in der Betontechnologie bewanderten Praktiker (z. B. Person mit E-Schein-Ausbildung) und einem in der Planung von Dichtkonstruktionen erfahrenen Fachmann realisierbar.

Bei Spannbetonbauteilen sollte der Zeitpunkt der ersten Teilvorspannung so terminiert sein, dass bereits eine frühe Rissbildung durch Abfließen der Hydratationswärme vermieden wird. Weitere Forderungen sind die Vermeidung von zwangerzeugenden Verzahnungen mit dem Baugrund und die Begrenzung der Verformungsbehinderung zwischen Bauwerk und Baugrund durch Gleitschichten. Dies kann z. B. erreicht werden durch zwei Lagen Folie mit einer Dicke von jeweils

6.1

0,3 mm oder einer viskosen Gleitschicht mit einer Mindestdicke von 5 mm. Außerdem sollte es das Ziel sein, im Bereich des Anschlusses Baugrund/Bodenplatte eine möglichst ebene, porenarme Betonoberfläche herzustellen.

In Teil 3 der DAfStb-Richtlinie [4] wird außerdem für alle Bauwerke gefordert, dass sie kontrolliert, gewartet und instand gehalten werden müssen. Es wird unterschieden zwischen nachgewiesenen und nicht nachgewiesenen Rissen. Nicht nachgewiesene Risse mit vorhandenen Rissbreiten, die größer als 0,1 mm (gemessen an der Bauteiloberfläche) sind, müssen geschlossen werden. Risse, die an der Oberfläche gemessen kleiner als 0,1 mm sind, brauchen nicht geschlossen werden. Bei diesen Rissbreiten kann man im Normalfall davon ausgehen, dass die Risse nur sehr geringe Risstiefen haben, maximal bis zu 1/10 der Bauteildicke. Handelt es sich um Risse, die im Zusammenhang mit dem Dichtheitsnachweis (siehe Kapitel 5) schon berücksichtigt worden sind, sind diese planmäßig und dürfen nicht als Mangel bewertet werden.

6.2

6.2 Spezielle Anforderungen an Bauteile von Anlagen

Im Wesentlichen versteht man unter Anlagenbauteilen Dichtelemente, die als Se-

Tafel 9: Ausbildung von Dichtelementen ohne Berücksichtigung besonderer Einwirkungen [4]

	1	2	3	4	5	6	7
	Beaufschlagung			Bauteil/ Dichtelement		Ausbildung	
	Dauer	Häufigkeit	Menge			Flächen	Bewegungsfugen
1a	kurzzeitig	mehrmalig	gering	Dichtflächen	Ableitflächen	Beton	1)
1b		einmalig	groß				
1c	Nachweisdauer				Rückhalteflächen	Beton/Sondermaßnahmen	
2a	kurzzeitig	einmalig	mittel	Rinnen		Beton	1)
2b		mehrmalig	gering			Beton/Sondermaßnahmen	
3a	Nachweisdauer	einmalig	groß	Rückhalteeinrichtungen	Auffangräume/Wannen	Beton	1)
3b							keine
4a			mittel		Gruben	Sondermaßnahmen	
4b	langzeitig	mehrmalig	gering		Pumpensümpfe		keine
4c			mittel		Bunker	Beton größerer Dicke	

1) Eine fugenlose Ausbildung ist anzustreben.

kundärbarriere wirken. Dies können neben Rückhalteeinrichtungen, wie Auffangräumen und Auffangwannen, aber auch Gruben, Pumpensümpfe und Bunkeranlagen sein. Zu den Dichtflächen gehören die Ableit- und Rückhalteflächen. Tafel 9 zeigt eine Übersicht über mögliche Dichtelemente in Abhängigkeit von der Beaufschlagungsdauer, -häufigkeit und -menge.

Generell gilt für alle Bauteile, dass sie für den Fall einer möglichen Beaufschlagung zugänglich sein müssen.

Hinsichtlich der Mindestbauteildicke sind folgende Grenzwerte einzuhalten:

- Ortbetonkonstruktion: h ≥ 200 mm
- Fertigteilkonstruktion: h ≥ 100 mm

Bei einigen Bauteilen ist es sinnvoll, diese mit einem Gefälle von mindestens 2 % herzustellen. Dies betrifft z. B. Ableitflächen, Bunkersohlen und Rinnen. Hinsichtlich der Ebenheitstoleranz gilt die Tabelle 3, Zeile 3 der DIN 18202 [25]. Lässt sich aus einbautechnischen Gründen das geforderte Gefälle nicht realisieren, so sind die Ebenheitstoleranzen proportional zum ausgeführten Gefälle umzurechnen, also z. B. bei nur 1 % möglicher Neigung sind die geforderten Werte zu halbieren. Der Einsatz von Aufbeton sollte stets vermieden werden. Bodenflächen von Auffangräumen und Auffangwannen dürfen ohne Gefälle gebaut werden, da man davon ausgeht, dass sie in der Regel nur einmalig beaufschlagt werden und sie für die entsprechende Beaufschlagungsdauer konzipiert worden sind. Bild 9 zeigt exemplarisch drei Möglichkeiten, eine Bodenplatte mit Dichtfunktion auszuführen.

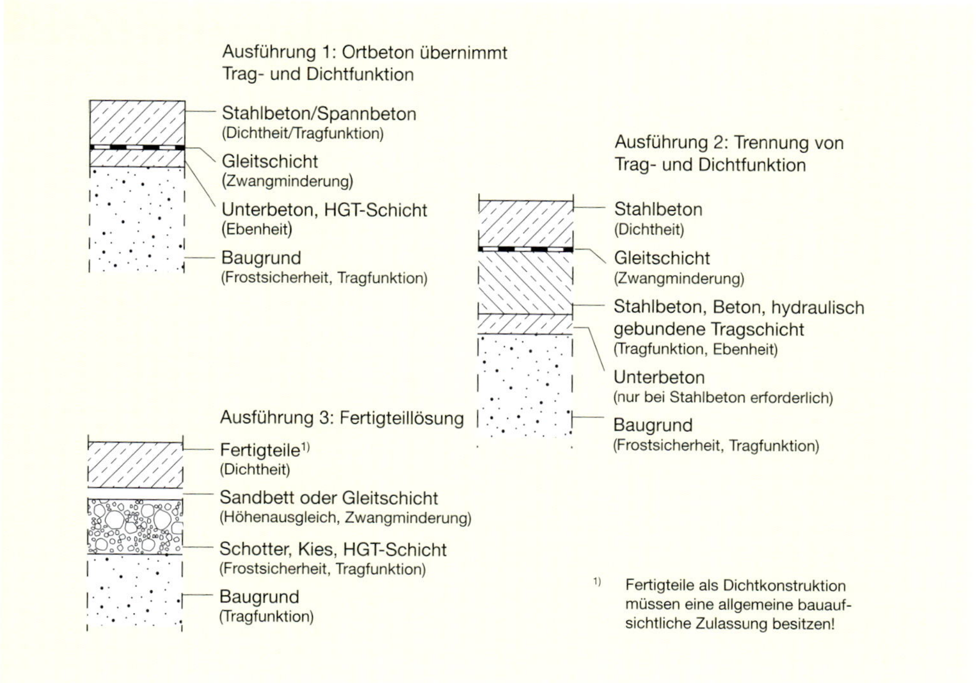

Bild 9: Ausführungsbeispiele für den Aufbau von Bodenplatten mit Dichtfunktion [4]

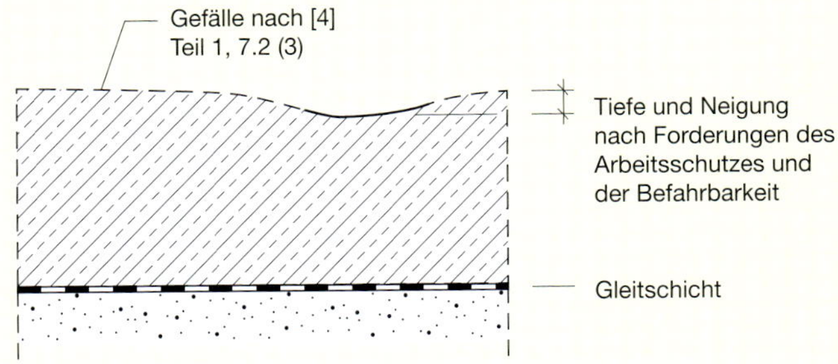

Bild 10: Muldenrinne [4]

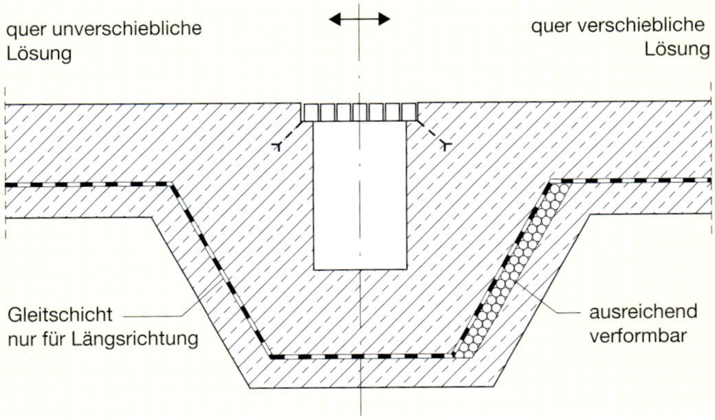

Bild 11: Ortbetonrinne mit der Platte in einem Zuge betoniert [4]

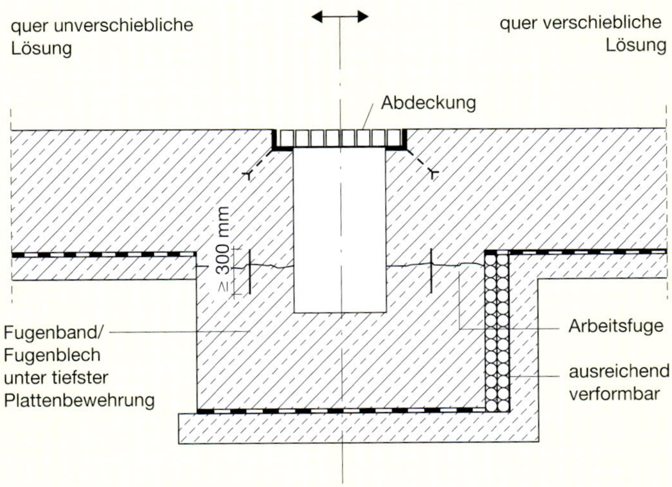

Bild 12: Ortbetonrinne mit senkrechten Außenflächen und Arbeitsfugenbändern [4]

Bei den Rinnen handelt es sich um Bauteile, die meist nur kurzzeitig mit geringen Mengen wassergefährdender Stoffe beaufschlagt werden. Man unterscheidet Kasten- und Muldenrinnen. Bei Ortbetonkonstruktionen kommen bevorzugt Muldenrinnen (siehe Bild 10) zum Einsatz. Dies ist darin begründet, dass die Unterfläche meistens eben ausgebildet werden kann und dadurch zusätzliche Kerbspannungen vermieden werden.

Werden dennoch Kastenrinnen gebaut, so ist darauf zu achten, dass diese dann möglichst ohne Arbeitsunterbrechung hergestellt werden sollten (siehe Bild 11).

Wenn sich Arbeitsfugen nicht vermeiden lassen, wie z. B. bei sehr tiefen Rinnen, sind entsprechende Fugen einzuplanen. Bild 12 zeigt eine derartige Ausführungsvariante.

6.3 Konstruktive Durchbildung

6.3.1 Bewehrung und Betondeckung

In erster Linie orientiert sich das Maß der erforderlichen Betondeckung unter Beachtung der Expositionsklassen an den Vorgaben der DIN EN 1992-1-1 [19]. Wird bei der Tragwerksplanung nachgewiesen, dass auch während der Beaufschlagung jederzeit der Verbund gewährleistet ist und es zu keiner Querschnittsreduzierung durch geschädigten Beton, wie z. B. durch Säureangriff (siehe 4.2.2) kommt, darf die Betondeckung ohne Berücksichtigung der Schädigungstiefe s_{Ct}, bzw. s_{Vt}, ermittelt werden. Ist dies nicht garantiert, muss für das Mindestmaß der Betondeckung c_{min} bei betonangreifenden Stoffen zusätzlich die Schädigungstiefe wie folgt mit angerechnet werden.

$$c_{min} = d_s + s_{Ct} + s_{Vt}$$

Hierbei ist:

d_s = Stabdurchmesser [mm]
s_{Ct} = Schädigungstiefe durch chemischen Angriff [mm]
s_{Vt} = Schädigungstiefe durch Verschleiß [mm]

Beispiel 4 (Berechnung von s_{Ctk} siehe Beispiel 3 in Kapitel 4.2.2)

s_{Ctk} = 13,5 mm s_{Vt} = 0 mm
f_{ck} = C30/37 Stabdurchmesser: d_s = 28 mm

$$c_{min} = d_s + s_{Ct} + s_{Vt}$$

$$c_{min} = 28\text{ mm} + 13{,}5\text{ mm} + 0 = 41{,}5\text{ mm} \approx 42\text{ mm} \rightarrow \text{aufgerundet } 45\text{ mm}$$

Der Einsatz von glatten Bewehrungsstäben im Beaufschlagungsbereich des wassergefährdenden Mediums ist nicht erlaubt. Bei Spannbetonkonstruktionen ist darauf zu achten, dass die Spannglieder mindestens 25 mm in der Betondruckzone liegen. 6.3

Bei Verwendung von Stahlfasern, die zur Rissbreitenbeschränkung eingesetzt werden, muss mindestens die Leistungsklasse L2-0,9 gemäß der DAfStb-Richtlinie Stahlfaserbeton [20] nachgewiesen sein. Sowohl kleinere Abschnitte als auch komplette Bauteile dürfen unter Beachtung des gültigen Regelwerkes in Stahlfaserbeton ausgeführt werden.

6.3.2 Befestigungen, Verankerungen und Einbauteile

Im Bereich der Beaufschlagung sollten so wenig wie möglich Verankerungen (Verankerungskörper) und Einbauteile verwendet werden. Insbesondere von linienförmigen Einbauteilen, wie z. B. Ankerschienen,

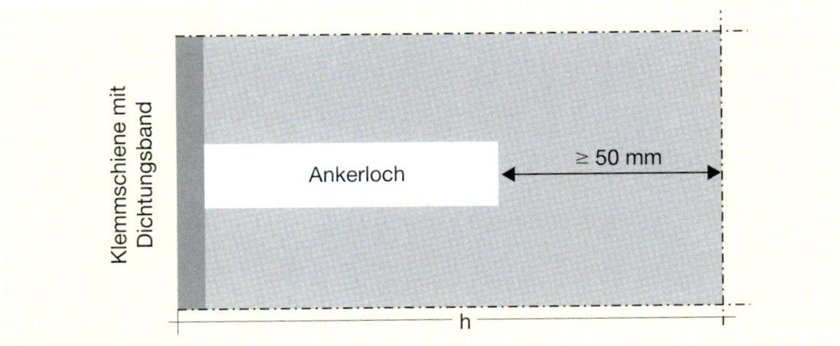

Bild 13: Schematische Darstellung zur Ankerlochausbildung

sollte wegen der erhöhten Kerbgefahr Abstand genommen werden.

Als Verankerungen und Einbauteile dürfen Verbunddübel, Ankerschienen und Kopfbolzen mit allgemeiner bauaufsichtlicher oder europäischer technischer Zulassung verwendet werden. Da bei Verbunddübeln ein Bindemittel zum Einsatz kommt, ist zusätzlich dessen Eignung gegenüber den wassergefährdenden Medium abzuklären.

Werden Dübel eingesetzt, gilt es zwingend, den Restquerschnitt von 50 mm nicht zu unterschreiten. Eigentlich ist eine Schwächung des Querschnitts durch Dübellöcher immer auch eine potentielle Gefahr für das Eindringen von Stoffen und letztlich auch die Möglichkeit der Durchdringung. In der Praxis hat sich herausgestellt, dass selbst bei lokalen Schädigungen der Klebefuge zwischen Dübel und Ankerlochwandung, das Eindringen deutlich behindert ist. Der verbleibende ungestörte Restquerschnitt ist demnach mit 50 mm als ausreichend anzusehen. In der grafischen Darstellung in Bild 13 ist schematisch das zulässige Ausbilden eines Ankerloches dargestellt. Ausgehend vom Gesamtquerschnitt h darf der verbleibende Restquerschnitt das Maß von 50 mm nicht unterschreiten.

Einen unmittelbaren Zusammenhang mit der maximalen Eindringtiefe bei feuchten Betonen von 50 mm ist zwar ableitbar, wurde aber bei der Festlegung des Restquerschnitts nicht auf dieser Grundlage diskutiert.

In einigen Fällen können Dichtungsbänder oder Folien mit entsprechenden Anker- oder Klemmschienen fixiert werden. Diese unterliegen genauso wie die Abdichtungsmaterialien selbst einer Eignung durch eine ETA- oder DIBt-Zulassung.

6.3.3 Fugen

Fugen unterbrechen den Regelquerschnitt einer Konstruktion und bedürfen daher besonders sorgfältiger Betrachtung. Daher sollte deren Verwendung auf ein Mindestmaß begrenzt werden. Für die Fugenausführung werden im Folgenden grundsätzlich zwei Varianten diskutiert. Bei der ersten Variante versucht man, die Fuge über eine Aufkantung auszubilden, deren Höhe über die zu erwartende Füllhöhe reicht. Diese Variante stellt zumindest für die Fuge und den Fugendichtstoff die geringste Belastung dar. Nachteile dieser Konstruktion sind ein erhöhter Aufwand bei der Herstellung und im Weiteren auch Einschränkungen hinsichtlich der Nutzung, wenn eine ebene Fläche für den Betrieb erforderlich ist. Die für den Nutzer komfortabelste Lösung sieht eine ebene Dichtfläche mit integriertem Fugenblech vor. Dabei sind Lösungen für Raum- wie auch Arbeitsfugen möglich.

Die Anordnung der Fugenbleche ist dabei an feste Vorgaben geknüpft. Generell sollte der Einbau der Fugenbleche wie in den Bildern 14 und 15 dargestellt erfolgen. Hinsichtlich der Einbautiefe sind Festlegungen zu treffen. Die Empfehlung sieht vor, das Fugenblech im mittleren Drittel des Querschnitts anzuordnen.

Einbautiefe x_f: $\frac{h}{3} \leq x_f \leq \frac{2}{3}h$

Für Fugenbleche gilt der Grundsatz des Nachweises der Dichtheit am Fugenstoß. Daher muss vor dem Betonieren dieser Nachweis erbracht werden. Die Überwachung des Einbaus wird gemäß Abschnitt 8 nach [4] vorgenommen. Ähnlich wie in der WU-Richtlinie [28] werden Blechdicken von 1,5 mm gefordert, wenn diese durch eine Schweißverbindung aneinandergefügt werden. Neben dem Schweißen sind andere Fügemethoden möglich. Entscheidend sind dabei deren Eignung und ein dem Fügeverfahren entsprechendes dauerhaftes Funktionsprinzip. Dazu zählen das Verkleben und das Klem-

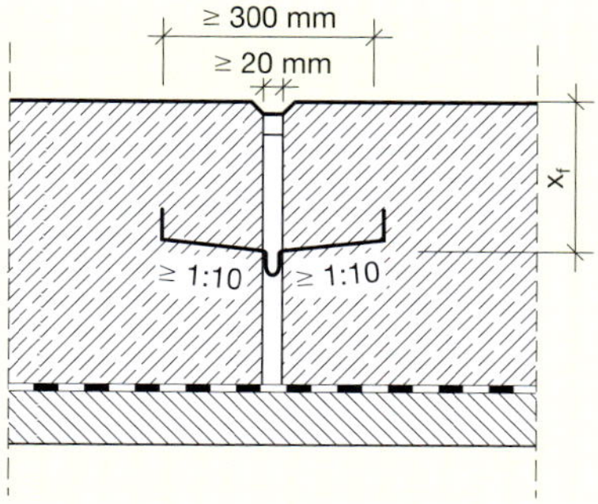

Bild 14: Fugenblech in Sohlfuge (Raumfuge) [4]

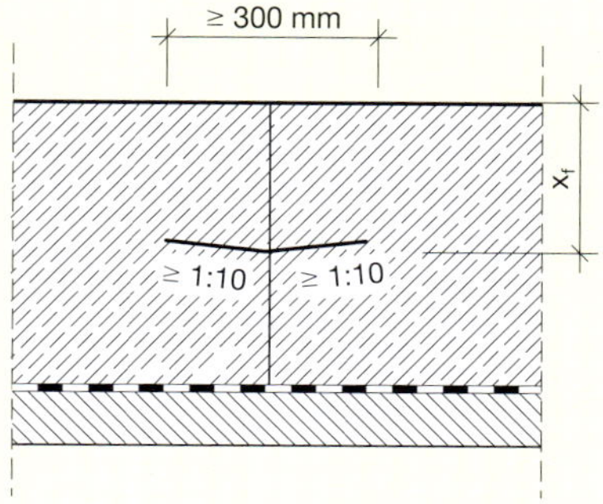

Bild 15: Fugenblech in Sohlfuge (Arbeitsfuge) [4]

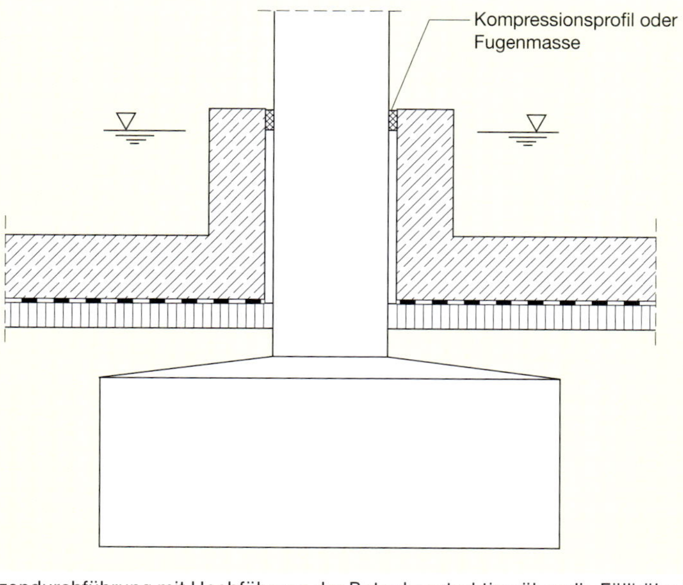

Bild 16: Stützendurchführung mit Hochführung der Betonkonstruktion über die Füllhöhe [4]

men mit einer elastomeren Zwischenlage auf mindestens 150 mm Länge. Ebenfalls zulässig ist der Überlappungsstoß. Dieser ist aufgrund seiner spezifischen Forderungen im Baustellenalltag nur mit großem Aufwand herstellbar und birgt ein hohes Fehlerpotenzial. Diese Abdichtungsvariante ist immer an ein Injektionssystem geknüpft.

Grundsätzlich wird an Fugenbleche in Bewegungsfugen die Forderung gestellt, dass diese ausschließlich in einer Abdichtungsebene liegen sollen. Außerdem müssen diese Fugenbleche eine leichte V-Form aufweisen und an den Enden eine 20 mm hohe Aufkantung besitzen, wie im Bild 14 dargestellt. Zur Aufnahme von Bewegungen muss in der Längsachse eine Schlaufe ausgebildet werden. Die Lösung, diese Bleche ausschließlich über eine Schweißverbindung zu verbinden, ist gerade im Bereich der Schlaufenführung schwierig umzusetzen.

6.3.4 Durchdringungen

Eine Besonderheit bei Dichtkonstruktionen stellen Durchdringungen wie Rohre oder tragende Bauteile, z. B. Stützen und Wände, dar. Weitere Schwachstellen können von Schalungsankern ausgehen. Generell sollte der Empfehlung nach [4] gefolgt werden, diese Schwachstellen zu vermeiden und außerhalb der Beaufschlagungsorte zu platzieren.

Abweichungen von den Ausführungsvarianten nach [4], siehe Bilder 16 und 17, dürfen für Durchdringungen und Rohrdurchführungen nur erfolgen, wenn ein baurechtliches Verwendbarkeitszeugnis vorliegt. In diesem sind neben den bauaufsichtlichen Anforderungen auch die wasserrechtlichen Kriterien zugrunde gelegt und meist durch eine allgemeine bauaufsichtliche Zulassung dokumentiert.

6.3.5 Abdichtungsmaterialien Verwendbarkeitsnachweis

Für die Verwendung von Fugenabdichtungsmaterialien müssen die Einsatzkriterien bekannt sein. Dabei muss außerdem von eventuellen späteren Nutzungsänderungen ausgegangen werden. Für den Fall, dass diese Option nicht vorgesehen ist, muss, wenn dieser Fall eintritt, unter Umständen eine Neuzulassung der gesamten Anlage bzw. der Anlagenteile oder Dichtfläche erfolgen. Für die Eignung der Dichtstoffe wird unterschieden in

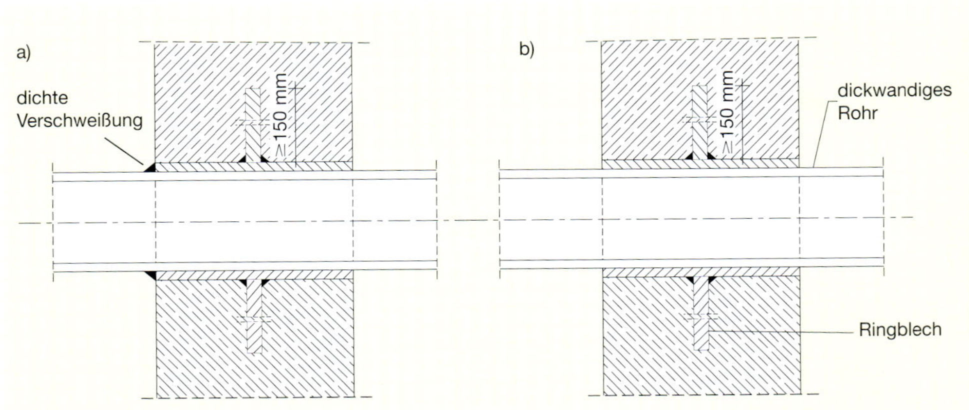

Bild 17: Rohrdurchdringung: a) nachträgliche Rohrmontage; b) einbetoniertes Rohr [4]

Anlagen zum Herstellen, Behandeln und Verwenden wassergefährdender Stoffe (HBV) und Anlagen zum Lagern, Abfüllen und Umschlagen wassergefährdender Stoffe (LAU). Grundsätzlich gilt für Fugendichtstoffe und Fugenbänder die Nachweispflicht über das DIBt. In HBV-Anlagen können anlagenspezifische Belastungen auftreten, die ggf. weitere Nachweise des Gebrauchs erfordern.

Anforderungskriterien für Abdichtungsmaterialien
Die Kriterien zur Auswahl von Abdichtungsmaterialien unterliegen dem Einsatzzweck. Auch hier wird grundsätzlich zwischen der Verwendung in HBV- und LAU-Anlagen unterschieden. Grundsätzlich unterscheidet man in Bezug auf Abdichtungsmaterialien in Flächenabdichtungen wie z. B. Beschichtungen oder in Fugenabdichtungen. Jede Dichtkonstruktion ist nur so gut wie die Summe der Eigenschaften der jeweiligen Komponenten. Daher ist es besonders wichtig, jeden Werkstoff auf dessen Eignung zu überprüfen. Abdichtungsmaterialien sind je nach Anwendungsfall permanent oder temporär den Einwirkungen durch den wassergefährdenden Stoff ausgesetzt. Zusätzlich können weitere Parameter auftreten, die zu berücksichtigen sind. Diese können mechanisch oder thermisch bedingt oder eine Kombination aus beiden sein. Grundsätzlich müssen die Abdichtungsmaterialen dafür Sorge tragen, dass im Laufe der Nutzung keine wassergefährdenden Stoffe in den Baugrund bzw. in das Grundwasser gelangen.

Zu Beginn wird geprüft, ob das Abdichtungsmaterial geeignet ist, dem wassergefährdenden Stoff zu widerstehen. Das Dichtmaterial darf bei Einwirkung seine Funktion nicht verlieren und muss beständig sein. Zugleich muss sichergestellt werden, dass innerhalb der Nutzungszeit zwischen der Grenzfläche Fugendichtstoff oder einer Beschichtung und Beton keine Schwachstelle entsteht. Zu berücksichtigen ist aber, dass die Nutzungszeit von 50 Jahren wie in DIN EN 1992-1-1 beschrieben nur auf den Werkstoff Beton bezogen ist. Daher wäre es unzulässig, Fugenfüllstoffen oder Beschichtungen die gleiche Nutzungszeit zuzuschreiben. Deshalb müssen diese regelmäßig gewartet und ggf. ausgetauscht werden. Die Lebensdauer hängt von vielen Randbedingungen ab und kann somit nicht genauer beschrieben werden.

Bild 18: Fehlerhafte Fugenausbildung

Dichtflächen mit Beschichtungen, die direkt befahren werden, sind je nach verwendetem Radsystem einem hohen Verschleiß ausgesetzt. Dabei sind Radsysteme mit Luftbereifung weniger kritisch. Die Belastung nimmt über Vollgummi-, Polyamidbereifung bis zu Stahlrollen deutlich zu. Im Weiteren muss besonders bei spurgetreuem Fahren das Abdichtungssystem auf dessen Eignung überprüft werden. Die Dauerhaftigkeit wird zusätzlich von den Überrollvorgängen beeinflusst. Grundsätzlich kann man davon ausgehen, dass rissüberbrückende Beschichtungen tendenziell eher versagen als starre Beschichtungen. Aus den Erfahrungen bei hochfrequentierten Parkhäusern mit OS11 oder OS13 Beschichtungssystemen, liegen die Nutzungszeiten im Mittel bei 10 bis 15 Jahren. Dementsprechend müsste man abhängig vom Radsystem und Überrollvorgängen Einschätzungen treffen, wie häufig die Flächen kontrolliert werden müssen, um entsprechende Maßnahmen einzuleiten.

In der Regel wird auf die Dichtheit des Betons zurückgegriffen. Dieser schon beschriebene Werkstoff, mit der besonderen Eigenschaft FD oder FDE gekennzeichnet, kann auch mit entsprechender Konditionierung über z. B. Hartstoffe nach DIN 1100 hohe Verschleißwiderstände aufweisen. Allerdings müssen unter der Berücksichtigung von Fugen besondere Maßnahmen ergriffen werden. Für Fugenabdichtungen müssen die jeweiligen Vorbereitungsarbeiten, wie das Aufweiten und eventuelles Fasen durchgeführt werden. Entsprechend der Erfordernisse und Zulassungen werden entweder Heiß- oder Kaltvergussmassen eingesetzt. Bei der Verwendung von Kaltvergussmassen, ist darauf zu achten, dass die Fugenflanken trocken sein müssen. Aus den Erfahrungen mit Heiß- und Kaltvergussmassen, haben sich die Kaltvergussmassen etwas besser bewährt, obwohl diese deutlich teurer sind. Weiterführende Informationen dazu kann der ZTV-Fug entnommen werden. Im Grundsatz steht vordergründig das Einlegen einer Dichtschnur. Sie soll verhindern, dass eine Dreiflankenhaftung entsteht. Bei vorschriftsgemäßer Ausführung ist die Funktion gewährleistet. Häufige Fehlerquellen sind allerdings diese Dreiflankenhaftungen oder die unzureichende Vorbereitung der Fugenflanken. Diese sollen unbedingt staub- und fettfrei sein. Ein häufiges Schadensbild ist das Abreißen der Dichtmasse von der Fugenflanke. Ebenfalls unterschätzt sind die Bewegungen von WHG-Flächen im Außenbereich. Durch die hohen Temperaturunterschiede ergeben sich große Horizontalverformungen. Demnach muss bei der Wahl der Fugenfüllstoffe oder -profile darauf geachtet werden, welcher maximale Dehnweg bei entsprechender Fugenspaltbereite möglich ist.

Im Sanierungsfall treten häufig Materialwechsel auf. Das können zementgebundene, kunststoffmodifizierte oder kunststoffbasierende Betone oder Mörtelsysteme sein. In jedem Fall muss der Fugendichtstoff an diesen sicher haften und ähnliche Eigenschaften gewährleisten. In Bild 18 wird deutlich, dass der Erfolg bei ungenügender Planung in Frage gestellt sein kann.

7 Überwachung und Konzept bei Beaufschlagung

Jeder Anlagenbetreiber ist verpflichtet, ein Konzept für eine mögliche Beaufschlagung zu erstellen. Neben wasserrechtlichen Anforderungen muss der Plan auch Maßnahmen beinhalten, die den Betriebsablauf betreffen. Das Konzept muss wesentliche Punkte [4] beinhalten, wie z. B.:

- Benennung von verantwortlichen Personen
- Kontrollperioden
- Kommunikationswege
- Maßnahmen zur Vorgehensweise nach einem Beaufschlagungsfall
- Zeitdauer zwischen Eintritt des Beaufschlagungsfalls und Beseitigung des wassergefährdenden Stoffs
- Art, Menge und Temperatur der wassergefährdenden Stoffe, ggf. Angabe der Materialkennwerte
- Angaben zur Bewertung des Kontaminierungsgrads der Betonbauteile
- Angaben zur Feststellung und Bewertung der eventuellen Schädigung
- Art und Umfang der vorgesehenen Prüfungen

Das Überwachungskonzept ist innerhalb der Inbetriebnahmeprüfung vom Sachverständigen zu prüfen. Unter Umständen kann es notwendig sein, das vorgesehene Konzept zu modifizieren. Es sollte bereits zu Beginn der Planung den Verantwortlichen, insbesondere dem Tragwerksplaner, zur Verfügung stehen. Der Statiker muss dafür Sorge tragen, dass die Planungsunterlagen, welche sich auf den Bau und die Instandsetzung eines Bauwerks gemäß Richtlinie [4] beziehen, ordnungsgemäß geprüft und dokumentiert sind.

Bei der Planung ist zu berücksichtigen, dass diese nur in Abstimmung mit dem Sachverständigen gemäß VAUwS [2] erfolgen kann. Neben der Dokumentation und Prüfung der Standsicherheit muss ebenfalls nachweislich die Dichtheit überprüft werden. Im Rahmen der Planung ist eine Liste der erforderlichen Prüfungen zu erstellen, die sich in Prüfungen während der Bauausführung, Erstprüfungen nach Fertigstellung der Baumaßnahme und in routinemäßige wiederholende Prüfungen aufteilt. So werden z. B. während der Bauphase folgende Prüfungen im Rahmen der Kontrolle der fertigen Betonoberfläche gefordert:

- Kontrolle auf Lunker
- Kontrolle auf Fehlstellen
- Visuelle Begutachtung und Messung der Rissbreiten
- Ermittlung der Haftzugfestigkeiten

Für Betonbauteile für den Umgang mit wassergefährdenden Stoffen wird grundsätzlich fremdüberwachter Beton gemäß DIN EN 13670 [16] / DIN 1045-3 [17] eingesetzt. Bauausführende Unternehmen dürfen nur Firmen sein, die für diese Tätigkeiten Fachbetrieb im Sinne der VAUwS [2], bzw. der AwSV [3] sind. Damit ist sichergestellt, dass die ausführende Firma über entsprechende Fachkenntnisse und über die Vorhaltung der nötigen Gerätschaften verfügt. Die beauftragte Fachfirma muss neben der im Rahmen üblichen Dokumentationen der Bauausführung (Bautagebuch, ÜK-2-Akte) insbesondere alle die Dichtheit betreffenden Anforderungen nachweislich erbringen. Für eventuelle Instandsetzungsarbeiten muss neben dem Nachweis des Fachbetriebs noch zusätzlich der Befähigungsnachweis gemäß der DAfStb-Richtlinie „Schutz und Instandsetzung von Betonbauteilen“ vorhanden sein.

Die Richtlinie [4] unterscheidet bei der Überwachung der baulichen Anlagen Aufgaben, die vom Betreiber zu erledigen sind, und Aufgaben, die der Sachverständige übernehmen muss.

Der Betreiber ist demnach verpflichtet, seine Anlage ständig gemäß des Überwachungskonzepts zu überwachen und mindestens einmal jährlich zu überprüfen. Einzelheiten können den entsprechenden DWA-Arbeitsblättern TRwS 779, TRwS 786 bzw. TRwS 781 bis TRwS 784 [29] entnommen werden. Werden bei der Kontrolle Unterschiede zum Normalzustand festgestellt, sind diese schnellstmöglich zu beheben. Die beobachteten Abweichungen und durchgeführten Maßnahmen sind zu dokumentieren. Ggf. sind Änderungen im zukünftigen Prüfprozedere vorzunehmen und dem Sachverständigen schriftlich mitzuteilen.

Der Sachverständige muss sowohl während der Bauausführung als auch vor Inbetriebnahme und während des Betriebs in regelmäßigen Abständen überwachend tätig sein. Die Prüfung ist zu dokumentieren. Stellt der Sachverständige Abweichungen fest, sind entsprechende Maßnahmen schnellstmöglich in die Wege zu leiten. In Abhängigkeit vom Gesamtzustand und der Bedeutung der Anlage sowie im Falle einer Nichtbeanstandung kann der Sachverständige vorschlagen, den Überwachungszeitraum zu verlängern. Dies geht jedoch nur, wenn sich durch wasserrechtliche einzelfallbezogene Regelungen nicht etwas anderes ergibt. Nach durchgeführten Instandsetzungsmaßnahmen muss vor Inbetriebnahme erneut der Sachverständige den Zustand der Anlage begutachten und die Dokumentation der durchgeführten Maßnahmen kontrollieren.

Der Betreiber der Anlage ist verpflichtet, alle Unterlagen und erstellten Dokumentationen, sowohl vom Betreiber als auch vom Sachverständigen, die die Planung, die Bauausführung, die Instandsetzung und die Überwachung betreffen, dauerhaft aufzubewahren.

8 Maßnahmen nach einer Beaufschlagung, Regelung zur Instandsetzung

Nach einer Havarie und der Entfernung der wassergefährdenden Stoffe muss für das Auffangbauwerk ein Instandsetzungskonzept erarbeitet werden. Da im Zuge der Instandsetzung die volle Einsatzfähigkeit des Bauwerks wiederherzustellen ist, erfolgt die Qualitätssicherung durch eine Sachverständigenprüfung. Dazu sind für die Bauausführung und die Fertigstellung Prüfungen vorzusehen, die die Übereinstimmung mit dem Instandsetzungskonzept gewährleisten sollen (§ 13, VAwS) [2]. Der Prüfumfang endet jedoch nicht mit der erfolgreichen Instandsetzung, sondern umfasst auch den weiteren Nutzungszeitraum.

Für die Durchführung der Instandsetzungsmaßnahme sind nur Betriebe zugelassen, die einen Fachbetriebsnachweis (§ 15, VAwS) [2] besitzen und auch gerätetechnisch entsprechend ausgestattet sind. Für die Instandsetzung ist dazu ein Nachweis entsprechend § 25, VAwS zu erbringen. Das Personal muss für den Eignungsnachweis zur Ausführung von Instandsetzungsarbeiten an Betonbauteilen in LAU-Anlagen befähigt sein.

Grundsätzlich sind nach einer Beaufschlagung zwei Fälle zu unterscheiden: die Selbstreinigung und der Abtrag kontaminierter Schichten infolge fehlender Selbstreinigung.

Voraussetzung für die Selbstreinigung sind Substanzen, die unter den normalen Umgebungsbedingungen leicht flüchtige Eigenschaften aufweisen (hoher Dampfdruck, niedriger Siedepunkt, geringe Viskosität). Zur besseren Abschätzung der verdampfbaren Anteile kann über die spezifischen Stoffkennwerte anhand der BUmwS (Teil 3, Tabelle 3.1) [4] eine Abschätzung vorgenommen werden. Die Stoffkennwerte $(\sigma/\eta)^{0,5}$ der bereits bekannten oder miteinander verwandten Flüssigkeiten sind in Tafel 5 aufgeführt.

Von einer vollständigen Selbstreinigung entgegen der Beaufschlagungsrichtung darf dann ausgegangen werden, wenn die Eindringtiefen ≤ 1/4 der Bauteildicke ($e_{tk} \leq 0,25 \cdot h$) entsprechen und auch kein Flüssigkeitsdurchtritt durch Risse auf die andere Bauteilseite vorliegt. Unterstützend können eine Wärmebehandlung und das Auflegen von Vakuummatten wirken, was die Verdampfung der wassergefährdenden Stoffe fördert.

Ist eine Selbstreinigung aufgrund der Eigenschaften des verwendeten Stoffs nicht möglich, ist der kontaminierte Beton abzutragen und der entsprechende Bereich auszutauschen und gemäß der Richtlinie „Schutz und Instandsetzung von Betonbauteilen“ [26] des DAfStb instand zu setzen. Dabei sind grundsätzlich mehrere Wege möglich:

- Aufbringen einer neuen Dichtfläche
- Aufbringen einer Dichtflächenergänzung
- Oberflächenschutz
- Betonersatz

Hinsichtlich der Instandsetzung der Bewehrung und des Schließens von Rissen sind die Instandsetzungsregeln nach [26], die Regelungen im Teil 3 von [4] sowie die Eignungsnachweise entsprechend DIN EN 1504 [27] zu beachten. Darüber hinaus müssen die eingesetzten Stoffe einen Verwendbarkeitsnachweis (abP, ETA) für den Einsatz in WHG-Anlagen besitzen.

9 Prüfverfahren zur Bestimmung der Eindringtiefe in flüssigkeitsdichte Betone

Im Nachfolgenden werden auszugsweise drei Prüfverfahren aus der DAfStb-Richtlinie [4] zur Bestimmung der für den Dichtheitsnachweis maßgebenden Eindringtiefen an flüssigkeitsdichten Betonen erläutert und beschrieben. Ein viertes Prüfverfahren beschreibt die Bestimmung der Schädigungstiefe betonangreifender wassergefährdender Stoffe.

Erläuterungen zu e_{tm}, e_{tk} und s_{Ctm} finden sich sowohl in Kapitel 4.2 und 4.3 oder auch im Anhang A (Begriffe, Symbole und Definitionen).

9.1 Eindringen von wassergefährdenden Stoffen in ungerissenen Beton

9.1.1 Betone ohne Faserzusatz

Wesen des Prüfverfahrens

Diese Prüfung dient zum einen zur Ermittlung der einaxialen Eindringtiefe e_{tm} und zum anderen kann hiermit auch die in den ungerissenen Beton eingedrungene Menge des wassergefährdenden Stoffs bestimmt werden. Pro Prüfmedium sind mindestens drei Versuche erforderlich.

Erforderliche Geräte

- Probekörperformen nach DIN EN 12390-1
- bei Verwendung von Kunststoffformen ggf. Kompressor mit Ausblaspistole
- Mischbehälter
- Verdichtungsgeräte wie Innenrüttler mit einem Ø < 1/4 der kleinsten Probekörperabmessung, Mindestfrequenz von 120 Hz oder Rütteltisch mit einer Mindestfrequenz von 40 Hz
- Handschaufel, Glättkellen
- mindestens 0,3 mm dicke Kunststofffolie
- Gerät für Bohrkernentnahme mit Bohrkrone Ø 80 mm
- Metallzylinder
- nicht rostender Bandstahl (0,025 mm dicke Folie, Werkstoff-Nr. 1.43010)
- gläsernes Standrohr mit Messskala ≥ 50 mm
- Epoxidharzkleber
- Teflonmanschette oder geeigneter Gummischlauch 9.1

Herstellung der Probekörper

1. Herstellung der vorgesehenen Betonzusammensetzung bzw. des Referenzbetons für FD-Betone gemäß der in Tafel 10 wiedergegebenen Betonzusammensetzung und Einfüllen in Betonwürfel vorrangig mit einer Kantenlänge ≥ 150 mm gemäß DIN EN 12390-2 [21]

2. Probekörper nach einem Tag entschalen und sofort zweifach in eine mindestens 0,3 mm dicke Kunststofffolie dicht einpacken (freie Folienränder mit Klebeband überkleben)

Tafel 10: Zusammensetzung des Referenzbetons

Betonzusammensetzung					
Zementart	Zementmenge [kg/m³]	Gesteinskörnung	Wasserzementwert	Zusatzmittel	Konsistenz
CEM I 32,5 R oder CEM III/A 32,5	320	Sieblinie A/B16, Kiessand, dichte Kornstruktur, ausreichender Mehlkorngehalt, z. B. > 350 kg/m³	0,50	BV oder FM zur Erzielung der Konsistenz F3	Ausbreitmaß (10 Minuten nach dem Mischen) f_{10} < 450 mm

3. Lagern der Probekörper bis zum 7. Tag bei 20 °C

4. Im Alter von 7 Tagen aus den Probekörpern in Herstellrichtung jeweils ein Bohrkern (Ø = 80 mm, Höhe h ≥ 120 mm) entnehmen (spätere Prüffläche = Einfüllseite)

5. Lagern der Bohrkerne bis mindestens zum 56. Tag frei stehend auf Dreikantleisten bei Normklima (20 °C, 65 % r.F.)

Prüfungsvorbereitung

1. Auf dem Bohrkern Fixierung eines gegenüber dem wasserangreifenden Stoff beständigen Metallzylinders, der zur Aufnahme des gläsernen Standrohrs dient und für eine gleichmäßige Verteilung des Prüfmediums sorgt (siehe Bild 19 und 21)

2. Um einer Verschmutzung der Bohrkernunterseite entgegen zu wirken, am unteren Ende des Bohrkernes einen ca. 10 mm breiten Klebefilm auf die Mantelfläche des Bohrkerns aufbringen

3. Beschichtung von Bohrkern und Metallzylinder mit Reaktionsharzkleber und gleichzeitige zweilagige Umwicklung des Probekörpers mit einem nicht rostenden Bandstahl (0,025 mm Folie)

4. Eindrehen des Probekörpers in ein Papiervlies

5. Mit einem ca. 30 mm breiten unter Zugbeanspruchung stehenden Gummischlauch den Versuchskörper einpacken

6. Probekörper mindestens zwei Tage bei Raumtemperatur lagern

Als Alternative kann auch der in Bild 20 dargestellte Versuchsaufbau gewählt werden. Dabei wird ein Glastrichter mit gleichem Durchmesser auf die Prüfseite des Bohrkernes entlang des Rands aufgeklebt. Nach Aushärtung des Klebers wird sowohl die Mantelfläche des Bohrkerns als auch ein ca. 30 mm breiter Streifen des Glastrichters mehrfach mit einem dem wassergefährdenden Stoff gegenüber beständigen Reaktionsharz beschichtet.

Prüfungsdurchführung

Die Prüfung dauert im Normalfall 72 Stunden und wird bei 20 ± 2 °C durchgeführt.

1. Probekörper auf 0,1 g genau wiegen

2. 50 cm hohes Standrohr mit Teflonmanschette aufsetzen

3. Standrohr innerhalb maximal 1 min bis zu einer Höhe von 40 cm über der Probekörperfläche mit dem wassergefährdenden Stoff füllen
4. Ausgangswert ablesen und protokollieren
5. Zweimal täglich die eingedrungene Messflüssigkeit an der Messskala des Standrohrs ablesen und protokollieren, ggf. Prüfmedium nachfüllen
6. Nach Versuchsende (72 h) Probekörper ausbauen und Rest des wassergefährdenden Stoffs im Bereich des Metallzylinders bzw. des Glastrichters erneut wiegen
7. Öffnung provisorisch verschließen
8. Innerhalb einer Stunde die Probekörper parallel zur Längsachse mittig spalten
9. Sofort nach dem Spalten die sichtbare Eindringtiefe (Grenzbereich feucht/trocken oder dunkel/hell) mit einem Stift markieren
   (Bei Stoffen mit hohem Dampfdruck kann es vorkommen, dass die Eindringtiefe nicht sichtbar ist. Hier kann die Eindringtiefe z. B. durch in den Beton vorsorglich eingemischte Indikatoren, Gasanalysemessungen auf der Betonbruchfläche, Besprühen mit konzentrierter Schwefelsäure und Abflammen sofort nach dem Spalten der Probe oder mittels Thermografie (siehe 11.) ermittelt werden.)
10. Für jeden Probekörper ist die Eindringtiefe e_{ti} (Bild 21) unter Aussparung eines 10 mm breiten Rands zu messen und anzugeben.

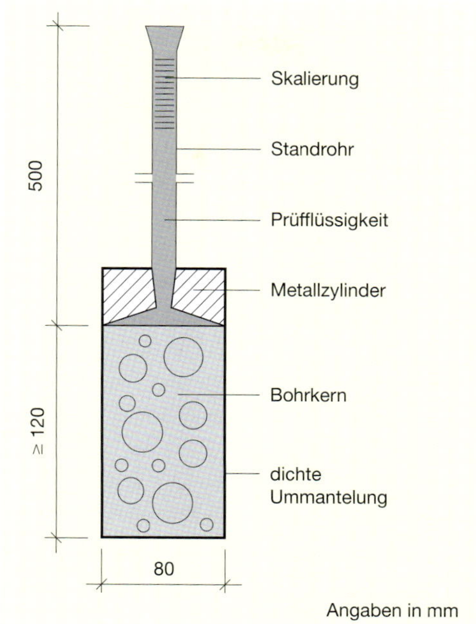

Bild 19: Prüfvorrichtung zur Ermittlung der Eindringtiefe von wassergefährdenden Stoffen [4]

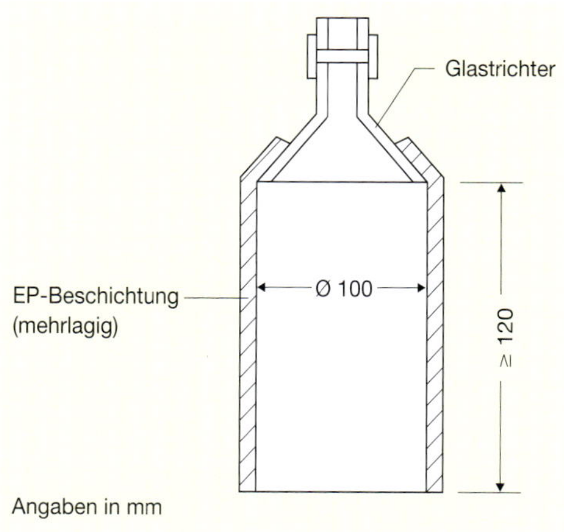

Bild 20: Alternative Prüfvorrichtung zur Ermittlung der Eindringtiefe von wassergefährdenden Stoffen in Beton [4]

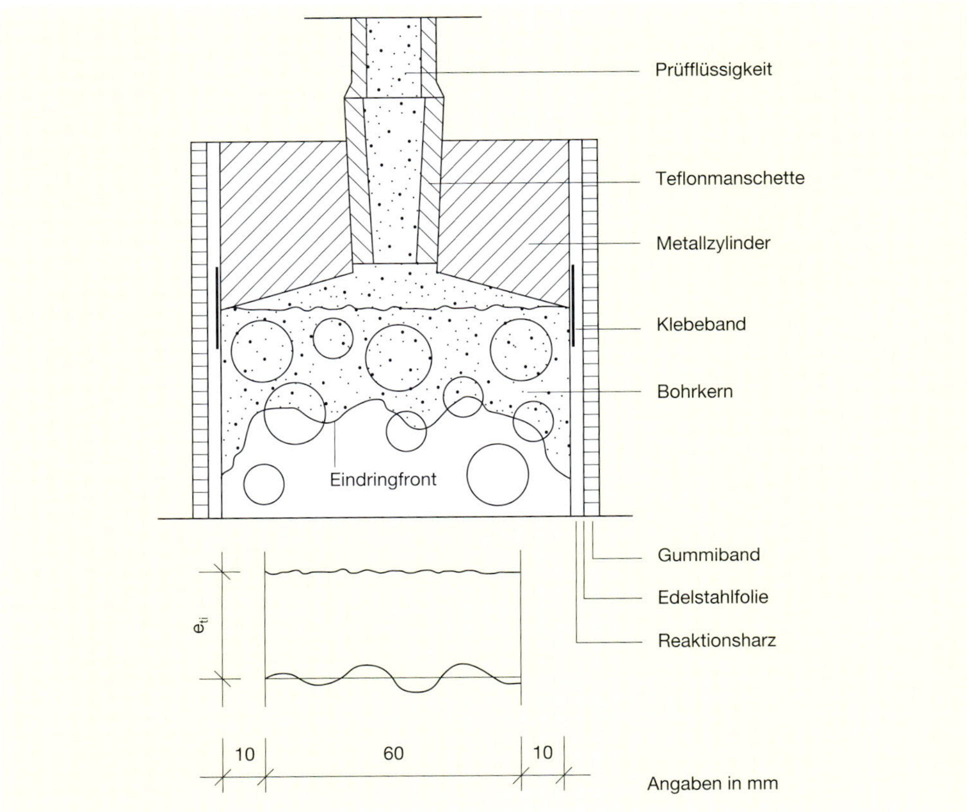

Bild 21: Detail zu Bild 1 mit Darstellung der Auswertung zur Ermittlung von e_{ti} nach dem Spalten [4]

11. Sonderfall: Nachweis der Eindringtiefe für n-Hexan und Di-Chlormethan mittels Thermografie

- Thermokamera verwenden, die eine thermische Auflösung von mindestens 0,1 K hat
- Nach Versuchsende sofort Probekörper spalten
- Die Spaltflächen nach 15 s, 30 s, 1 min und jeder weiteren Minute bis zum Erreichen der maximalen Temperaturdifferenz zwischen Eindringfront und dem ungestörten Teil des Prüfkörpers fotografieren
- Thermografiebilder dokumentieren
- Die Eindringtiefe e_{ti} an fünf Stellen über den Querschnitt verteilt messen und Mittelwert bestimmen
- Prüfungen an drei Probekörpern durchführen und Eindringtiefen mitteln (Ausreißer nicht berücksichtigen)
- Das Ergebnis ist auf 1 mm genau anzugeben.

Auswertung und Angabe der Prüfergebnisse

Die Prüfwerte e_{ti} dienen zur Bestimmung der mittleren Eindringtiefe e_{tm} einer Serie ($n \geq 3$, $t = 72$ h).

$$e_{tm} = \frac{\Sigma e_{ti}}{n}$$

Hierbei ist:

e_{tm} = mittlere Eindringtiefe in mm nach einer Beaufschlagungszeit von t Stunden

e_{ti} = Eindringtiefe in den Prüfkörper i in mm nach einer Beaufschlagungszeit von t Stunden

n = Anzahl der Prüfkörper

Die charakteristische Eindringtiefe e_{tk} in mm nach einer Beaufschlagungszeit von t Stunden errechnet sich gemäß der in 4.2.1 vorgestellten Formel aus

$$e_{tk} = e_{tm} \cdot 1{,}35$$

Zur Versuchsauswertung gehört auch die zeitliche Darstellung des Eindringverlaufs $E_t = B \cdot \sqrt{t}$ in l/m², siehe auch Bild 1 in Kapitel 4.2.1. Zur Kontrolle und Fehlerminimierung wird die durch Wägung bestimmte Menge mit der am Standrohr abgelesenen Eindringmenge verglichen und ggf. korrigiert.

9.1.2 Faserbetone mit hohem Fasergehalt

Wesen des Prüfverfahrens

Diese Prüfung dient zur Ermittlung der mittleren Eindringtiefe e_{ti} für Faserbetone und Faserbetondichtschichten. Im Unterschied zu dem in 9.1.1 beschriebenen Prüfverfahren können diese Betone aufgrund der zugegebenen Fasern nach 72-stündiger Prüfzeit nicht entsprechend gespalten werden. Auch hier sind pro Prüfflüssigkeit mindestens drei Probekörper herzustellen.

Erforderliche Geräte

siehe 9.1.1

Herstellung der Probekörper

1. Den für die Bauausführung vorgesehenen Beton herstellen und in großflächige, ca. 1 m² dicke Probekörper (zumindest für Dichtschichten) einbringen und verdichten
2. Probekörper nach einem Tag entschalen und mit Folie abdecken
3. Lagern der Probekörper bis zum 7. Tag bei 20 °C
4. Im Alter von 7 Tagen werden aus den großformatigen Versuchskörpern Platten mit Kantenlänge von 100 mm bis 120 mm entnommen (zulässige Plattendicke h = 50 mm, ggf. auf der Unterseite auf 50 mm abschneiden)
5. Lagern der frei stehenden Probeplatten bis mindestens zum 56. Tag bei Normklima (20 °C, 65 % r.F.)

Prüfungsdurchführung

1. Prüfungsvorbereitung in Anlehnung an 9.1.1
2. Prüfungsdurchführung weitgehend analog zu 9.1.1
   Unterschiede zur Prüfung nach 9.1.1:
   - Füllstandshöhe 50 cm statt 40 cm
   - Abdichtung der freien vertikalen und horizontalen Flächen an der Oberseite mit Epoxidharz
   - Zusätzlich auf der Unterseite des Probekörper eine dem Versuchskörper gleich große Glasscheibe im Abstand von ca. 5 mm mit Klebeband fixieren
   - Versuchsende (Beaufschlagungsdauer t_i) ist erreicht, wenn das Prüfmedium auf der Unterseite des Versuchskörpers austritt, maximal jedoch nach 168 h (7 Tagen)

Auswertung und Angabe der Prüfergebnisse

Die Berechnung der Eindringtiefe e_{72i} für jeden Probekörper bestimmt man aus der

Beaufschlagungsdauer t_i und der Probekörperhöhe h_i nach

$$e_{72i} = h_i \cdot \sqrt{\frac{72}{t_i}}$$

Hierbei ist:

e_{72i} = Eindringtiefe des wassergefährdenden Stoffs nach 72 h [mm]

h_i = Höhe des einzelnen Probekörpers [mm]

t_i = Zeit, bis der wassergefährdende Stoff die Unterseite des Probekörpers erreicht [h]

Aus den Einzelwerten (n ≥ 3) ist die mittlere Eindringtiefe e_{72m} zu berechnen.

$$e_{72m} = \Sigma\, e_{72i} \,/\, n \text{ [mm]}$$

Daraus ergibt sich die charakteristische Eindringtiefe e_{72k}:

$$e_{72k} = e_{72m} \cdot 1{,}35 \text{ [mm]}$$

9.2

9.2 Eindringen von wassergefährdenden Stoffen in gerissenen Beton

Wesen des Prüfverfahrens

Diese Prüfung dient zur Ermittlung der kritischen Rissbreite w_{crit} und der Eindringtiefe e_{wt}. Gleichzeitig kann hiermit rechnerisch, wie in 4.2.3 beschrieben, oder grafisch die charakteristische Eindringtiefe ew_{tk} ermittelt werden. Je wassergefährdender Stoff und Rissbreite (Empfehlung w = 0,10 mm

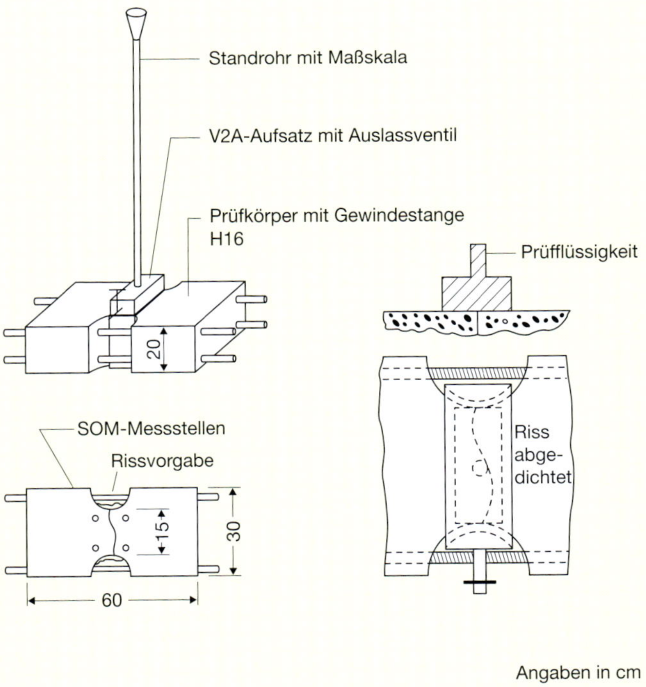

Bild 22: Schematische Darstellung des Probekörpers zur Ermittlung der Eindringtiefe bei vorgegebener Rissbreite [4]

und 0,25 mm) müssen bei einer statischen Druckhöhe von 1,40 m mindestens drei Risse geprüft werden. Bei Nichtbekanntsein der dynamischen Viskosität η und der Oberflächenspannung σ können diese in Parallelversuchen ermittelt werden.

Erforderliche Geräte

- Probekörperformen mit Mindestabmessungen im Rissbereich von h = 200 mm und b = 150 mm, z. B. b/d/h = 600 mm/300 mm/200mm (siehe auch Bild 22)
- Mischbehälter
- Verdichtungsgeräte wie Innenrüttler mit einem Ø < 1/4 der kleinsten Probekörperabmessung, Mindestfrequenz von 120 Hz oder Rütteltisch mit einer Mindestfrequenz von 40 Hz
- Handschaufel, Glättkellen
- Prüfvorrichtung für die Erzeugung von Trennrissen und Risseinstellung
- Risslupe
- Setzdehnungsmesser oder Ähnliches, Genauigkeit mindestens 0,01 mm
- gläsernes Standrohr mit Messskala ≥ 1.400 mm
- Epoxidharzkleber

Herstellung der Probekörper (siehe auch Bild 22)

1. Den für die Bauausführung vorgesehenen Beton bzw. den Referenzbeton für FD-Betone gemäß der in Tafel 10 wiedergegebenen Betonzusammensetzung herstellen und in vorbereitete Versuchskörper (Abmessungen: in Fließrichtung 200 mm, quer zur Fließrichtung mindestens 150 mm) einbringen und verdichten

2. Probekörper nach einem Tag entschalen und sechs Tage feucht halten

3. Lagern der frei stehenden Probekörper bis mindestens zum 56. Tag bei Normklima (20 °C, 65 % r.F.) (Beaufschlagungsversuch sollte nach max. 12 Wochen (3 Monaten) beendet sein)

Prüfungsvorbereitung (siehe auch Bild 22)

1. Trennrisserzeugung und Einstellen der Rissbreite

2. Risse seitlich abdichten

3. Fixierung eines Behälters für die gleichmäßige Verteilung der Prüfflüssigkeit auf der Probekörperoberseite, einschließlich Standrohr mit Messskala

Prüfungsdurchführung

1. Standrohr mit Prüfflüssigkeit füllen und dafür sorgen, dass 72 Stunden lang die Druckhöhe von 1,40 m konstant gehalten wird

2. Nach Versuchsende Leerung und Entfernung des Standrohrs

3. Probekörper umdrehen, sodass die dem wassergefährdenden Medium ausgesetzte Seite unten liegt

4. Zugstäbe durchtrennen und Rissufer freilegen

5. Eindringtiefe [mm] im Trennriss messen

Auswertung und Angabe der Prüfergebnisse

Die aus den Versuchen gewonnenen Eindringtiefen ew_{ti} mit gleichen Rissbreiten und gleichem Prüfmedium sind zu mitteln. Der versuchstechnisch ermittelte Zusammenhang zwischen Rissbreite und Eindringtiefe sollte zur besseren Darstellung in einem Diagramm – siehe Bild 23 – aufgetragen werden. Auf der Ordinate wird die Rissbreite [mm] aufgetragen, auf der Abzisse die Eindringtiefe ew_{ti} [mm].

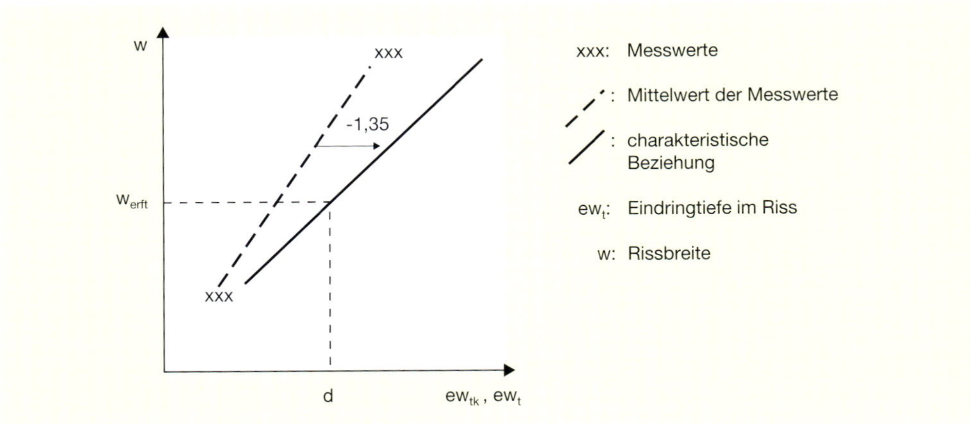

Bild 23: Auswertung der Versuche mit unterschiedlicher Rissbreite für einen bestimmten Beton und einen bestimmten wassergefährdenden Stoff [4]

Aufgrund der nicht zu vermeidenden Schwankungen bei den Versuchsergebnissen ist das ermittelte Verhältnis Rissbreite/Eindringtiefe um den Korrekturfaktor 1,35 auf der Abzisse nach rechts zu verschieben. Dies ermöglicht die direkte Ablesung von w_{crit} und e_{wtk}.

9.3

9.3 Bestimmung der Schädigungstiefe betonangreifender Stoffe

Wesen des Prüfverfahrens

Handelt es sich bei dem wassergefährdenden Stoff zusätzlich um ein betonangreifendes Medium, kann mit diesem Prüfverfahren die mittlere Schädigungstiefe s_{Ctm} bzw. die charakteristische Schädigungstiefe s_{Ctk} (siehe Fall B und D in Kapitel 4.2) versuchstechnisch bestimmt werden. Die Schädigungstiefe kann zum einen über den Phenolphthaleintest in Anlehnung an die Ermittlung der Karbonatisierungstiefe nachgewiesen werden. Zum anderen kann die Schädigungstiefe über einen Vergleich der durch den chemischen Angriff resultierenden veränderten Betondruckfestigkeit zur Betondruckfestigkeit an nicht mit dem Prüfmedium beaufschlagten Versuchskörpern bestimmt werden. Pro Versuchsreihe (Betonzusammensetzung, Prüfmedium, Beaufschlagungsdauer) sind mindestens drei Versuche durchzuführen.

Erforderliche Geräte

- Probekörperformen nach DIN EN 12390-1
- bei Verwendung von Kunststoffformen ggf. Kompressor mit Ausblaspistole
- Mischbehälter
- Verdichtungsgeräte wie Innenrüttler mit einem Ø < 1/4 der kleinsten Probekörperabmessung, Mindestfrequenz von 120 Hz oder Rütteltisch mit einer Mindestfrequenz von 40 Hz
- Handschaufel, Glättkellen
- Gerät für Bohrkernentnahme mit Bohrkrone Ø 80 mm
- Glasbecken oder gleichwertig, auf jeden Fall beständig gegenüber dem wassergefährdenden Stoff, praxiserprobte Mindestabmessungen: l/b/h = 500 mm/300 mm/250 mm (siehe auch Bild 24)
- Magnetrührer und Magnete
- Phenolphtaleinlösung

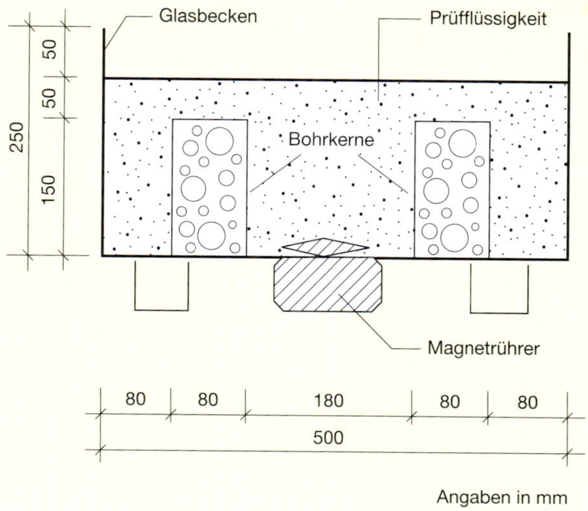

Bild 24: Prüfgerät zur Ermittlung der Schädigungstiefe bei Säurelagerung [4]

- Prüfvorrichtung für die Bestimmung der Bruchlast der chemisch beanspruchten und nicht beanspruchten Probekörper

Herstellung der Probekörper

1. Herstellung der vorgesehenen Betonzusammensetzung bzw. des Referenzbetons für FD-Betone gemäß der in Tafel 10 wiedergegebenen Betonzusammensetzung und Einfüllen in Betonwürfel vorrangig mit einer Kantenlänge ≥ 150 mm gemäß DIN EN 12390-2 [21]. (Pro Versuchsreihe sind mindestens drei Proben und mindestens drei weitere Versuchskörper, die als Referenzprobe dienen, herzustellen. Für den Sonderfall „hochaggressive Säuren" genügen zwei Probekörper ohne zusätzliche Referenzkörper)

2. Probekörper nach einem Tag entschalen

3. Lagern der Probekörper bis zum 7. Tag bei 20 °C

4. Im Alter von 7 Tagen aus den Probekörpern in Herstellrichtung jeweils einen Bohrkern (Ø = 80 mm, Höhe h = 150 mm) entnehmen

5. Lagern der Bohrkerne bis mindestens zum 28. Tag frei stehend auf Dreikantleisten bei Normklima (20 °C, 65 % r.F.)

Prüfungsvorbereitung

- Herstellung des Lösungspotenzials des wassergefährdenden Stoffs (Konzentration und Menge muss ausreichen, um mindestens die dreifache Anzahl der erforderlichen Probekörper vollständig zersetzen zu können.)
- Referenzkörper für die Versuchsdauer (im Normalfall für 72 Stunden) im Wasser lagern
- 3 bis 6 Bohrkerne mit der Betonierseite nach oben in dem mit der Prüfflüssigkeit gefüllten Versuchsbecken (siehe Bild 24) platzieren

Prüfungsdurchführung

- Magnetrührer anschalten
- Nach Versuchsende (i. d. R. nach 72 h) Magnetrührer ausschalten, Bohrkerne aus Prüfflüssigkeit und ggf. Referenzkörper aus Wasser nehmen
- Bohrkerne durch beidseitiges Schneiden auf ca. 82 mm Länge kürzen (siehe Bild 25). Hierbei beachten, dass die obere abgeschnittene Herstellseite mindestens 35 mm dick ist.

Fall 1: Starker Säureangriff (mindestens zwei Bohrkerne, keine Referenzkörper)

- Abgetrennte Scheibe der Herstelloberseite (Bereich A aus Bild 25) entlang des Durchmessers in zwei Hälften spalten
- Gespaltene Bruchflächen mit Phenolphtaleinlösung ansprühen
- Nach ca. 10 Minuten an beiden Bruchflächen an jeweils mindestens zwei Stellen die Schädigungstiefe messen (siehe auch Bild 26)
- Gemessene Schädigungstiefen mitteln Þ mittlere Schädigungstiefe s_{Ctm}

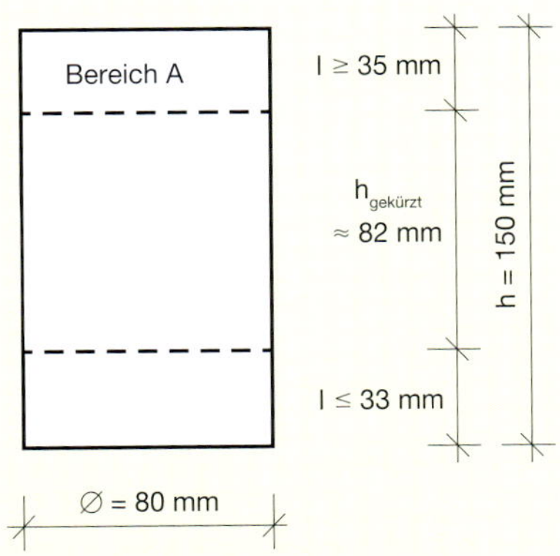

Bild 25: Skizze – Ansicht Kürzung des geprüften Bohrkernes auf ca. 82 mm

Fall 2: Starker Säureangriff (mindestens zwei Bohrkerne, keine Referenzkörper, ursprünglich gebohrte Oberfläche des Bohrkerns nicht mehr feststellbar, wie z. B. durch lösliche Gesteinskörnung)

- Abgetrennte Scheibe der Herstelloberseite (Bereich A aus Bild 25) entlang des Durchmessers in zwei Hälften spalten
- Gespaltene Bruchflächen mit Phenolphtaleinlösung ansprühen

  Variante 1:
  Bruchfläche ideal entlang des Durchmessers (siehe auch Bild 26)
  → mittlere Schädigungstiefe
  $s_{Ctm} = 0{,}5 \cdot (d - b_1)$
  mit: d = mittlerer ursprünglicher Durchmesser [mm]
  b_1 = nicht geschädiger Bereich [mm]

  Variante 2:
  Bruchfläche nicht entlang des Durchmessers (siehe auch Bild 26)
  → mittlere Schädigungstiefe
  $s_{Ctm} = 0{,}5 \cdot (a - b_2)$
  mit: d = mittlerer ursprünglicher Durchmesser [mm]
  b_2 = nicht geschädiger Bereich [mm]

Fall 3: Betonangreifende Wirkung nicht genau bekannt

- Abgetrennte Scheibe der Herstelloberseite (Bereich A aus Bild 25) entlang des Durchmessers in zwei Hälften spalten
- Gespaltene Bruchflächen mit Phenolphtaleinlösung ansprühen
- Nach ca. 10 Minuten an beiden Bruchflächen an jeweils mindestens zwei Stellen die Schädigungstiefe messen und dokumentieren
- Ca. 82 mm langer Restbohrkern auf eine Höhe h = 80 mm planparallel schleifen
- Gleichzeitig die in Wasser gelagerten Referenzprobekörper auf eine Höhe von 82 mm kürzen und und ebenso auf 80 mm planparallel schleifen

- Aufbringen einer Druckbeanspruchung auf die 80 mm großen Restbohrkerne und die im Wasser gelagerten, auf 80 mm gekürzten Referenzprobekörper, Protokollieren der sich aus diesem Versuch ergebenen Bruchlasten P_{uC} und P_{uW}
- Berechnung der charakteristischen Schädigungstiefe s_{Ctk}

$$s_{Ctk} = \frac{1}{2} \cdot d \cdot \left(1 - \sqrt{\frac{P_{uC}}{P_{uW}}}\right)$$

Hierbei ist:

s_{Ctk} = charakteristische Schädigungstiefe [mm]

d = mittlerer Durchmesser der Probekörper vor der Beanspruchung [mm]

P_{uW} = mittlere Bruchlast der chemisch unbeanspruchten Probekörper [kN]

P_{uC} = mittlere Bruchlast der chemisch beanspruchten Probekörper [kN]

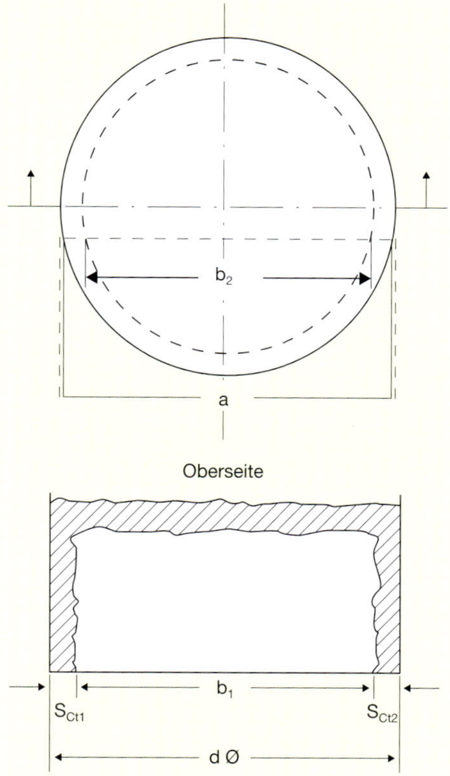

Bild 26: Ermittlung der Schädigungstiefe nach einem Säureangriff [4]

10 Beispiele

Die hier vorgestellten Beispiele dienen als praktische Ergänzung zu den Erläuterungen in 4.2 und 4.3 sowie zu den Ausführungen in Kapitel 5. Die Ermittlung der für den Dichtheitsnachweis maßgebenden Eindringtiefe erfolgt analog zu dem in 4.3 vorgestellten Ablaufschema. Bei allen Beispielen wird davon ausgegangen, dass die Voraussetzungen für den vereinfachten Dichtheitsnachweis erfüllt sind.

Beispiel 10.1
Fall A, einmalig zeitlich begrenzte Beaufschlagung, normales Überwachungsintervall

Gegeben ist eine 240 mm dicke Stahlbetonbodenplatte, die für das Lagern von Quecksilber vorgesehen ist. Es handelt sich um einen beheizten, geschlossenen Raum, der für eine einmalig zeitlich begrenzte Beaufschlagung (t = 120 h) bemessen worden ist.

Materialkennwerte von Quecksilber (Wassergefährdungsklasse 3, dynamische Viskosität η = 1,55 mN · s/m², Oberflächenspannung σ = 47,2 N/mm²).

Der statische Nachweis (ungerissener Beton, Zustand I) ist bereits geführt.

Gesucht: Dichtheitsnachweis der Konstruktion

1. Ermittlung von $\sqrt{(s/h)}$
   $\sqrt{(47{,}2/1{,}55)} = \sqrt{30{,}45} = 5{,}52\sqrt{(m/s)}$

2. Ablesen von e_{72m} aus Bild 27
   e_{72m} = 28,5 mm (exakt 28,4 mm)

3. Bestimmung von e_{120m}
   $e_{tm} = e_{72m} \cdot \sqrt{(t/72)}$
   $e_{120m} = 28{,}5 \text{ mm} \cdot \sqrt{(120/72)}$
   $e_{120m} = 28{,}5 \text{ mm} \cdot \sqrt{1{,}667}$
   $e_{120m} = 36{,}8 \text{ mm}$

Sonderfall:
beheizter geschlossener Innenraum:
→ Vergrößerung von e_{tm} um 50 %
$e_{120m} \cdot 1{,}5 = 36{,}8 \text{ mm} \cdot 1{,}5 = 55{,}2 \text{ mm}$

4. Berechnung der charakteristischen Eindringtiefe e_{tk}
   $e_{tk} = 1{,}35 \cdot e_{120m}$
   $e_{tk} = 1{,}35 \cdot 55{,}2 \text{ mm}$
   $e_{tk} = 74{,}5 \text{ mm}$

5. Dichtheitsnachweis
   $h \geq \gamma_e \cdot e_{tk}$
   γ_e = Sicherheitsbeiwert aus [4], Tab. 1-1
   γ_e = 1,50 (normales Überwachungsintervall)

   240 mm ≥ 1,50 · 74,5 mm
   240 mm ≥ 111,8 mm
   → Dichtheitsnachweis erfüllt!

Beispiel 10.2
Fall A, wiederholt zeitlich begrenzte Beaufschlagung, halbes Überwachungsintervall

Gegeben ist eine 240 mm dicke Stahlbetonbodenplatte. Die Fläche dient zu Reparaturzwecken und wird zeitweilig (max. bis zu 140 Mal im Jahr) beim Auffüllen mit Glycerin beaufschlagt. Dies geschieht unter Verwendung einer gesonderten Auffangvorrichtung für Tropfmengen.

Materialkennwerte von Glycerin (Wassergefährdungsklasse 1, dynamische Viskosität η = 63,4 mN · s/m², Oberflächenspannung σ = 1.480 N/mm²).

Der statische Nachweis (ungerissener Beton, Zustand I) ist bereits geführt.

Gesucht: Dichtheitsnachweis der Konstruktion

1. Ermittlung der äquivalenten einmaligen Beaufschlagungsdauer
   Aus Tafel 6

   ca. 140 Mal pro Jahr
   → Häufigkeitsstufe mittel, bis 200 Abfüllungen im Jahr
   → entspricht einer einmaligen Beaufschlagungsdauer von 144 h

2. Ermittlung von · $\sqrt{(\sigma/\eta)}$
   $\sqrt{(1.480/63,4)} = \sqrt{23,3} = 4,83\ \sqrt{(m/s)}^{0,5}$

3. Ablesen von e_{72m} aus Bild 28
   e_{72m} = 26,5 mm (exakt 26,1 mm)

Sonderfall 1: mit Wasser vermischte Stoffe
→ e_{72m} = 50 mm

Sonderfall 2: sehr trockener Beton
→ e_{72m} = 75 mm

Rechenwerte für die Sonderfälle 1 und 2 siehe Kapitel 4.2.1 und Ablaufdiagramm 4.3.1

Da e_{72m} = 75 mm > e_{72m} = 50 mm > 26,5 mm, wird e_{72m} = 75 mm maßgebend für die weitere Berechnung.

4. Bestimmung von e_{144m}
   $e_{tm} = e_{72m} \cdot \sqrt{(t/72)}$
   $e_{144m} = 75\text{ mm} \cdot \sqrt{(144/72)}$

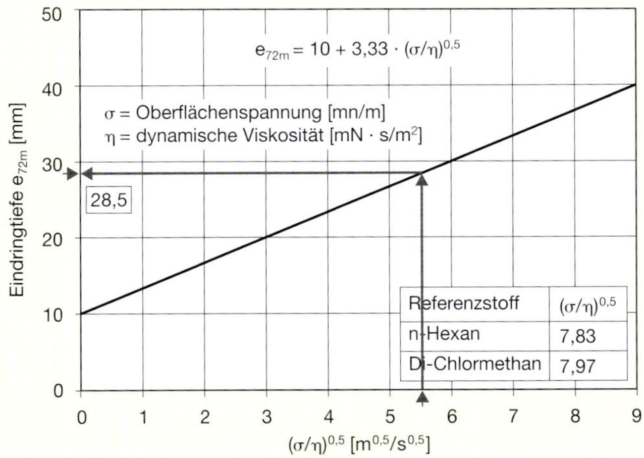

Bild 27: Eindringtiefe zu Beispiel 10.1, abgelesen aus Bild 2

$e_{144m} = 75 \text{ mm} \cdot \sqrt{2}$
$e_{144m} = 106{,}1 \text{ mm}$

5. Berechnung der charakteristischen Eindringtiefe e_{tk}
   $e_{tk} = 1{,}35 \cdot e_{144m}$
   $e_{tk} = 1{,}35 \cdot 106{,}1 \text{ mm}$
   $e_{tk} = 143{,}2 \text{ mm}$

6. Dichtheitsnachweis
   $h \geq \gamma_e \cdot e_{tk}$
   γ_e = Sicherheitsbeiwert aus [4], Tab. 1-1
   γ_e = 1,25 (halbes Überwachungsintervall)

   240 mm ≥ 1,25 · 143,2 mm
   240 mm ≥ 179 mm
   → Dichtheitsnachweis erfüllt!

Beispiel 10.3
Fall B, einmalig zeitlich begrenzte Beaufschlagung, normales Überwachungsintervall

Ein Stahlbetonbecken wird mit einer Bauteildicke von h = 280 mm geplant. Das Bauteil wird mit einer ruhenden hoch konzentrierten Schwefelsäure für einen Zeitraum von 340 h beaufschlagt. Die Betonzusammensetzung besteht aus unlöslicher Gesteinskörnung (1.760 kg/m³, Größtkorn 16 mm), 360 kg Zement CEM II/A-S 42,5 (Rohdichte ρ = 3,05 kg/dm³), w/z-Wert = 0,47. Es wird auf die Zugabe von Flugasche und weiteren Zusatzstoffen verzichtet. Die Materialkennwerte sind nicht bekannt.

Der statische Nachweis (ungerissener Beton, Zustand I) ist bereits geführt.

Gesucht: Dichtheitsnachweis für die geplante Konstruktion

1. Überprüfung der vorgesehenen Betonzusammensetzung
   a) Überprüfung des Zementleimgehalts ≤ 290 l/dm³
   Zementleimgehalt: $V_{Wasser} + V_{Zement}$
   $w = 0{,}47 \cdot z = 0{,}47 \cdot 360 \text{ kg/m}^3 = 169{,}2 \text{ kg/m}^3$
   $V_{Wasser} = 169{,}2 \text{ dm}^3/\text{m}^3$
   $V_{Wasser} + V_{Zement} = 169{,}2 \text{ dm}^3/\text{m}^3 + (360 \text{ kg/m}^3/3{,}05 \text{ kg/dm}^3) = 287 \text{ dm}^3/\text{m}^3$
   → Max. Zementleimgehalt ist eingehalten

   b) Überprüfung der Möglichkeit des vereinfachten Ansatzes (Variante 1, Ablaufdiagramm in 4.3.2) für die Bestimmung der Schädigungstiefe

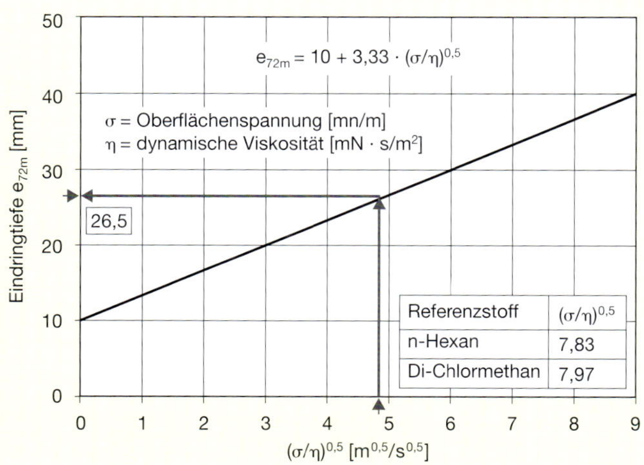

Bild 28: Eindringtiefe zu Beispiel 10.2, abgelesen aus Bild 2

s_{Ctm}: Kontrolle des Massenverhältnisses Zement (z) zu unlöslicher Gesteinskörnung (g) ≤ 1/5 (0,20)
360 : 1.760 = 0,21 > 0,20
→ Vereinfachter Ansatz nicht möglich!

2. Ermittlung der mittleren Schädigungstiefe s_{Ctm}:
Maßgebend Variante 2 aus Ablaufdiagramm in 4.3.2
(z/g > 0,20 und Verwendung von unlöslicher Gesteinskörnung)
→ Entweder Betonzusammensetzung ändern oder wie in Variante 2 gefordert, prüftechnisch die Schädigungstiefe ermitteln

Gewählt: versuchstechnische Ermittlung der Schädigungstiefe s_{Ctm} nach 9.3 nach einer Prüfzeit von 72 Stunden

Fall 1: Starker Säureangriff (mindestens zwei Bohrkerne, keine Referenzkörper)

- Abgetrennte Scheibe der Herstelloberseite entlang des Durchmessers in zwei Hälften spalten
- Gespaltene Bruchflächen mit Phenolphtaleinlösung ansprühen
- nach ca. 10 Minuten an beiden Bruchflächen an jeweils mindestens zwei Stellen (hier 4) die Schädigungstiefen messen (siehe auch Bild 25)
- Gemessene Schädigungstiefen:
  Bohrkern 1:
  s_{C72_1} = 4,9 mm
  s_{C72_2} = 4,1 mm
  s_{C72_3} = 4,6 mm
  s_{C72_4} = 4,7 mm

  Bohrkern 2:
  s_{C72_5} = 4,5 mm
  s_{C72_6} = 4,8 mm
  s_{C72_7} = 4,4 mm
  s_{C72_8} = 3,9 mm

  mittlere Schädigungstiefe s_{Ctm} berechnen:

$$s_{C72m} = \Sigma\, s_{C72i} / n$$

$$s_{C72m} = \frac{(4{,}9\text{ mm} + 4{,}1\text{ mm} + 4{,}6\text{ mm} + 4{,}7\text{ mm} + 4{,}5\text{ mm} + 4{,}8\text{ mm} + 4{,}5\text{ mm} + 3{,}9\text{ mm})}{8}$$

$$s_{C72m} = 4{,}50\text{ mm}$$

3. Ermittlung von s_{C340m} für t = 340 h
$s_{C340m} = s_{C72m} \cdot \sqrt{(t/72)} =$
$s_{C340m} = 4{,}50\text{ mm} \cdot \sqrt{(340/72)}$
$s_{C340m} = 9{,}78\text{ mm}$

4. Ermittlung der charakteristischen Schädigungstiefe s_{Ctk}
$S_{C340k} = 1{,}35^{1)} \cdot 9{,}78\text{ mm} = 13{,}2\text{ mm}$

Alternativ hätte die mittlere Schädigungstiefe s_{C340m} auch nach einer Einlagerungszeit von 340 Stunden ermittelt werden können und die charakteristische Schädigungstiefe s_{c340k} durch den in 9.3, Fall 3 beschriebenen Druckfestigkeitsversuch an den Restkörpern bestimmt werden können.

5. Ermittlung der mittleren Eindringtiefe e_{tm} nach Fall A
Annahme: physikalische Kennwerte sind nicht bekannt
$\Sigma\, e_{72m} = 40\text{ mm}$
$\Sigma\, e_{340m} = 40\text{ mm} \cdot \sqrt{(340/72)}$
$= 86{,}9\text{ mm}$

6. Ermittlung der charakteristischen Eindringtiefe e_{tk}
$e_{tk} = 1{,}35 \cdot e_{tm}$
$e_{290k} = 1{,}35 \cdot 86{,}9\text{ mm} = 117{,}3\text{ mm}$

7. Ermittlung der Höhe des Restquerschnitts h_r, der für den rechnerischen Dichtheitsnachweis betrachtet werden muss

[1] Empfehlung Sicherheitsfaktor ≈ 1,35 analog zu e_{tk}

- Bauteildicke h = 280 mm
- s_{C340k} = 13,2 mm
- Restquerschnitt $h_r = h - s_{Ctk}$ = 280 - 13,2 mm = 266,7 mm

8. Dichtheitsnachweis:
   $h \geq \gamma_e \cdot e_{tk}$
   γ_e = Sicherheitsbeiwert aus [4], Tab. 1-1
   γ_e = 1,50 (normales Überwachungsintervall)
   266,7 mm ≥ 1,50 · 117,3 mm
   266,7 mm ≥ 176,0 mm
   → Dichtheitsnachweis erfüllt!

Der Vollständigkeit halber sei – hier stellvertretend für alle Beispiele – erwähnt, dass der Dichtheitsnachweis auch, unter der Voraussetzung, dass keine wechselnden Biegemomente mit jeweils risserzeugenden Beanspruchungen auftreten, über die Mindestdruckzonenhöhe geführt werden kann. In diesem Fall hätte man die ungünstigste Einwirkungskombination betrachten müssen:

$x \geq \gamma_e \cdot e_{tk}$
$x \geq 1{,}5 \cdot 117{,}3$ mm =
$x \geq 176{,}0$ mm
x = Druckzonendicke

$x \geq 2\ D_{max}$
$x \geq 2 \cdot 16$ mm =
$x \geq 32$ mm
D_{max} = Größtkorndurchmesser

$x \geq 30$ mm

Demnach hätte man bezüglich des Dichtheitsnachweises rechnerisch nachweisen müssen, dass die Druckzonendicke x größer als 30 mm ist, siehe auch Bild 8.

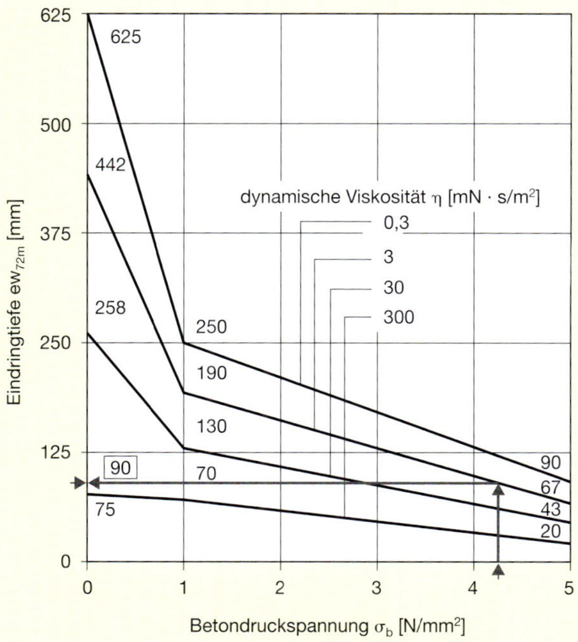

Bild 29: Eindringtiefe zu Beispiel 10.4, abgelesen aus Bild 5

Beispiel 10.4
Fall C, einmalig zeitlich begrenzte Beaufschlagung 72 h, halbes Überwachungsintervall

Bei einer mit Mineralöl (Wassergefährdungsklasse 3, dynamische Viskosität η = 2,37 mN s/m^2, Oberflächenspannung σ = 25,5 N/mm^2) einmalig zeitlich begrenzt beaufschlagten Auffangwanne aus Stahlbeton (ursprüngliche Bauteildicke = 400 mm) kam es im frühen Stadium zu durchgehenden Trennrissen (Rissbreite $w_{k,cal}$ = 0,09 mm ≈ 0,1 mm), die sofort nach Auftreten der Risse durch Vorspannung (Überdrückungsspannung σ_b = 4,25 N/mm^2) überdrückt werden konnten. Außerdem wird das Bauteil durch wechselnde Biegemomente beansprucht.

Gesucht: Dichtheitsnachweis für die zentrisch überdrückte Konstruktion

1. Ablesen von ew_{72m} aus Bild 29
   Mit η = 2,37 mN s/m^2 und σ_b = 4,25 N/mm^2 ergibt sich die grafisch ermittelte Eindringtiefe ew_{72m} zu ≈ 90 mm

2. Sonderfall wechselnde Biegemomente
   → ew_{72m} ist zu verdoppeln:
   → ew_{72m} = 2 · 90 mm = 180 mm

3. Berechnung der charakteristischen Eindringtiefe e_{tk}
   ew_{tk} = 1,35 · ew_{72m}
   ew_{tk} = 1,35 · 180 mm
   ew_{72k} = 243 mm

4. Dichtheitsnachweis
   $h \geq \gamma_e \cdot e_{tk}$
   γ_e = Sicherheitsbeiwert aus [4], Tab. 1-1
   γ_e = 1,25 (halbes Überwachungsintervall)

   400 ≥ 1,25 · 243 mm
   400 ≥ 303,8 mm

→ Dichtheitsnachweis erfüllt!

11 Literaturnachweis

[1] Gesetz zur Ordnung des Wasserhaushalts (Wasserhaushaltsgesetz – WHG), Ausfertigungsdatum 31.07.2009 / Gültig seit 01.03.2010

[2] Verordnung über Anlagen zum Umgang mit wassergefährdenden Stoffen (VAUwS), Entwurf vom 27.01.2012

[3] Verordnung über Anlagen zum Umgang mit wassergefährdenden Stoffen (AwSV), Entwurf vom 22.07.2013

[4] Richtlinie des DAfStb: Betonbau beim Umgang mit wassergefährdenden Stoffen (BUmwS), Deutscher Ausschuss für Stahlbeton, Berlin, Ausgabe 01/2012 mit Ausgabedatum 03/2011

[5] http://webrigoletto.uba.de/rigoletto/public/welcome.do

[6] Verordnung zum Schutz vor Gefahrstoffen (Gefahrstoffverordnung GefStoffV), Ausfertigungsdatum 26.11.2010

[7] Cementbulletin, Ausgabe 11/1995, 63. Jahrgang, Technische Forschungs- und Beratungsstelle der Schweizerischen Zementindustrie

[8] DIN EN 206-1:2001-07 Beton – Festlegungen, Eigenschaften, Herstellung und Konformität

[9] DIN 1045-2:2008-08 Tragwerke aus Beton, Stahlbeton und Spannbeton, Teil 2: Beton – Festlegung, Eigenschaften, Herstellung und Konformität; Anwendungsregeln zu DIN EN 206-1

[10] DIN EN 12620:2008-07 Gesteinskörnungen für Beton, Deutsche Fassung EN 12620:2002+A1:2008

[11] DIN EN 197-1:2011-11 Zement – Teil 1: Zusammensetzung, Anforderungen und Konformitätskriterien von Normalzement; Deutsche Fassung EN 197-1:2011

[12] DIN 1164-10:2004-08 Zement mit besonderen Eigenschaften – Teil 10: Zusammensetzung, Anforderungen und Übereinstimmungsnachweis von Normalzement mit besonderen Eigenschaften

[13] DIN EN 450-1:2012-10 Flugasche für Beton – Teil 1: Definition, Anforderungen und Konformitätskriterien, Deutsche Fassung EN 450-1:2012

[14] DIN EN 13263-1:2009-07 Silikastaub für Beton – Teil 1: Definitionen, Anforderungen und Konformitätskriterien, Deutsche Fassung EN 13263-1: 2005+A1:2009

[15] DIN EN 1008:2002-10 Zugabewasser für Beton – Festlegung für die Probenahme, Prüfung und Beurteilung der Eignung

von Wasser, einschließlich bei der Betonherstellung anfallendem Wasser, als Zugabewasser für Beton; Deutsche Fassung EN 1008:2002

[16] DIN EN 13670:2011-03 Ausführung von Tragwerken aus Beton; Deutsche Fassung EN 13670:2009

[17] DIN 1045-3:2012-03 Tragwerke aus Beton, Stahlbeton und Spannbeton – Teil 3: Bauausführung – Anwendungsregeln zu DIN EN 13670

[18] Richtlinie des DAfStb: Betonbau beim Umgang mit wassergefährdenden Stoffen (BUmwS), Deutscher Ausschuss für Stahlbeton e.V.; Berlin, vorherige Ausgabe 10/2004

[19] DIN EN 1992-1-1:2011-01 Eurocode 2: Bemessung und Konstruktion von Stahlbeton- und Spannbetontragwerken – Teil 1-1: Allgemeine Bemessungsregeln und Regeln für den Hochbau; Deutsche Fassung EN 1992-1-1:2004 + AC:2010 und DIN EN 1992-1-1/NA:2011-01; Nationaler Anhang – National festgelegte Parameter – Eurocode 2: Bemessung und Konstruktion von Stahlbeton- und Spannbetontragwerken – Teil 1-1: Allgemeine Bemessungsregeln und Regeln für den Hochbau

[20] Richtlinie des DAfStb: Stahlfaserbeton, Deutscher Ausschuss für Stahlbeton e.V., Berlin, Ausgabe: 2010-03

[21] DIN EN 12390-2:2009-08 Prüfung von Festbeton – Teil 2: Herstellung und Lagerung von Probekörpern für Festigkeitsprüfungen, Deutsche Fassung EN 12390-2:2009

[22] DIN 4030-1:2008-06 Beurteilung betonangreifender Wässer, Böden und Gase – Teil 1: Grundlagen und Grenzwerte

[23] DIN 52108:2006-03 Verschleißprüfung nach Böhme

[24] Wiens, U.; Brauer, N.; Dargel, H.-J.: Deutscher Ausschuss für Stahlbeton – Überarbeitung der DAfStb-Richtlinie Betonbau beim Umgang mit wassergefährdenden Stoffen, veröffentlicht in Beton und Stahlbetonbau 2011, Heft 11, S. 787

[25] DIN 18202:2013-04 Toleranzen im Hochbau – Bauwerke

[26] Richtlinie des DAfStb: Schutz und Instandsetzung von Betonbauteilen (Instandsetzungs-Richtlinie), Teil 1-3, Deutscher Ausschuss für Stahlbeton e. V., Berlin, Ausgabe: 10/2001

[27] DIN EN 1504:2005-10 Produkte und Systeme für den Schutz und die Instandsetzung von Betontragwerken – Definitionen, Anforderungen, Güteüberwachung und Beurteilung der Konformität – Teil 1: Definitionen; Deutsche Fassung EN 1504-1:2005

[28] Richtlinie des DAfStb: Wasserundurchlässige Bauwerke aus Beton (WU-Richtlinie), Berlin, Ausgabe 11/2003 und Berichtigung 03/2006

[29] DWA – Arbeitsblätter TRwS 779, TRwS 781, TRwS 784 und TRwS 786 Technische Regeln wassergefährdender Stoffe
TRwS 779: Allgemeine Technische Regelungen, Ausgabe April 2006
TRwS 781: Tankstellen für Kraftfahrzeuge, Ausgabe August 2004
TRwS 784: Betankung von Luftfahrzeugen, Ausgabe April 2006
TRwS 786: Ausführung von Dichtflächen, Ausgabe Oktober 2005

12 Anhang: Begriffe, Symbole und Definitionen

A1: Begriffe

Im Folgenden werden auszugsweise die wesentlichen Begriffe vorgestellt und erläutert, die im Rahmen dieser Veröffentlichung verwendet werden.

Ableitflächen
Mit einem Gefälle (i. A. > 2 %) versehene Konstruktion zum Ableiten des wassergefährdenden Stoffs

Beaufschlagungsdauer
Die Zeitdauer (Angabe in Stunden), während der der wassergefährdende Stoff auf das Bauteil einwirkt

Beschichtungen
Funktionale, meist auf organischer Basis hergestellte Überzüge, die rissüberbrückend, dicht und beständig gegenüber dem einwirkenden wassergefährdenden Medium sind

Beständigkeit
Die Richtlinie des DAfStb [4] versteht unter Beständigkeit, dass die Dicht- und Tragfunktion der Konstruktion durch den chemischen Angriff eines wassergefährdenden Stoffs während der Beaufschlagungszeit nachweisbar erhalten bleibt

Dekontamination
Minimierung oder Elimination der in den Beton eingedrungenen wassergefährdenden Stoffe

Dichtflächen
Für die Dichtfunktion maßgebende Bauteile, ggf. auch Übernahme weiterer Aufgaben wie z. B. Tragfunktion und Verschleißwiderstand

Dichtheit
Die Richtlinie des DAfStb [4] versteht unter Dichtheit, dass nachweislich der eindringende wassergefährdende Stoff mit einem Sicherheitsabstand nicht die der beaufschlagten Seite gegenüber liegende Seite des Bauteils erreicht. Das Arbeitsblatt DWA-A 786 setzt den Begriff Dichtheit gleich mit „Flüssigkeitsundurchlässigkeit“.

Dichtschichten
Zementgebundene nicht mittragende Bauteile, die eine erhöhte Dehnfähigkeit durch Zusätze von Kunststoffen oder Fasern aufweisen, ohne undicht zu werden

Eindringtiefe
Ab Betonoberfläche gemessene Tiefe der Eindringfront [Angabe in mm] des wassergefährdenden Mediums

Einmalige Beaufschlagung
Beaufschlagung, für die die Dichtfläche bemessen ist. Im Normalfall erfolgt nach einer einmaligen Beaufschlagung eine Kontrolle und ggf. sind Maßnahmen zu ergreifen, wie in Kapitel 8 beschrieben.

Einwirkende Flüssigkeit
Wassergefährdende Flüssigkeiten im Sinne des WHG, die innerhalb der maximalen Beaufschlagungsdauer von der Rückhalteeinrichtung zurückgehalten werden sollen

FD-Beton (flüssigkeitsdichter Beton)
FD-Beton ist Beton gemäß DIN EN 206-1 und DIN 1045-2 mit erhöhtem Widerstand gegen das Eindringen von wassergefährdenden Stoffen, siehe auch Kapitel 3.1 dieser Veröffentlichung

FDE-Beton (flüssigkeitsdichter Beton nach Eindringprüfung)
FDE-Beton ist Beton gemäß DIN EN 206-1 und DIN 1045-2, der in seiner Zusammensetzung von der eines FD-Betons abweicht. Im Gegensatz zu FD-Betonen muss für FDE-Betone in einer erweiterten Erstprüfung das Eindringverhalten prüftechnisch nachgewiesen werden

HBV-Anlagen
Anlagen zum Herstellen, Behandeln und Verwenden von wassergefährdenden Stoffen

Intermittierende Beaufschlagung
Im Gegensatz zur einmaligen Beaufschlagung geht man davon aus, dass mehrere planmäßig Beaufschlagungen auftreten können, bevor eine Kontrolle durchgeführt wird und ggf. Maßnahmen, wie in Kapitel 8 beschrieben, zu ergreifen sind

Kontamination
Eindringen der wassergefährdenden Stoffe in den Beton

LAU-Anlagen
Anlagen zum Lagern, Abfüllen und Umschlagen wassergefährdender Stoffe

Rückhalteflächen
Konstruktionen bzw. Flächen, die das wassergefährdende Medium für eine nachgewiesene Dauer zurückhalten

Schädigungstiefe
Ab Betonoberfläche gemessene Tiefe der Schädigung [Angabe in mm] durch chemische Reaktion des wassergefährdenden Mediums während der Beaufschlagungsdauer mit dem Beton, ggf. noch in Verbindung mit Verschleiß. Der Beton ist in dem geschädigten Bereich weder dicht noch tragfähig.

A2: Symbole

Im Folgenden werden die wesentlichen verwendeten Symbole und Abkürzungen erläutert.

Auf die in anderen Regelwerken, wie z. B. in DIN EN 1992-1-1:2011-01 Eurocode 2 [19] aufgeführten Symbole und Indizes sei an dieser Stelle nur verwiesen.

Symbole und Erklärungen

Symbol	Erklärung	Einheit
w/z	Wasserzementwert (Massenverhältnis Wasser zu Zement)	–
$(w/z)_{eq}$	Äquivalenter Wasserzementwert unter Anrechnung von Zusatzstoffen	–
η	Dynamische Viskosität (Materialkennwert)	[$mN \cdot s/m^2$]
σ	Oberflächenspannung (Materialkennwert)	[mN/m]
t	Zeitdauer der Beaufschlagung	[h]
B_e	Mittelwert des Eindringkoeffizienten	[$mm/\sqrt{h}$]
E_t	Eindringmenge während des Versuchs	[l/m^2]
e_{tm}	Mittlere Eindringtiefe nach einer Beaufschlagungsdauer von t Stunden	[mm]
e_{72m}	Mittlere Eindringtiefe nach einer Beaufschlagungsdauer von 72 Stunden	[mm]
e_{tk}	Charakteristische Eindringtiefe nach einer Beaufschlagungsdauer von t Stunden (i. d. R.: $e_{tk} = 1{,}35 \cdot e_{tm}$)	[mm]
e_{72k}	Charakteristische Eindringtiefe nach einer Beaufschlagungsdauer von 72 Stunden (i. d. R.: $e_{72k} = 1{,}35 \cdot e_{72m}$)	[mm]
s_{Ctm}	Mittlere Schädigungstiefe durch chemischen Angriff nach einer Einwirkzeit von t Stunden	[mm]
s_{C72m}	Mittlere Schädigungstiefe durch chemischen Angriff nach einer Einwirkzeit von 72 Stunden	[mm]
s_{Ctk}	Charakteristische Schädigungstiefe durch chemischen Angriff nach einer Einwirkzeit von t Stunden	[mm]
s_{C72k}	Charakteristische Schädigungstiefe durch chemischen Angriff nach einer Einwirkzeit von 72 Stunden	[mm]
s_{Vtk}	Charakteristische Schädigungstiefe durch Verschleiß nach einer Beanspruchungsdauer von t Stunden	[mm]
w	Rissbreite	[mm]
$w_{k,cal}$	Zulässige Rissbreite	[mm]
ew_{tm}	Mittlere Eindringtiefe in einem Riss nach einer Beaufschlagungsdauer von t Stunden	[mm]
ew_{tk}	Charakteristische Eindringtiefe in einem Riss nach einer Beaufschlagungsdauer von t Stunden	[mm]
γ_e	Sicherheitsbeiwert aus Tabelle 1-1 der Richtlinie [4]	–
D_{max}	Durchmesser des Größtkorns	[mm]

Arbeitshilfe für Ausbildung, Planung und Baupraxis

Erstmals 1976 erschienen, liegt das Buch „Beton – Herstellung nach Norm" jetzt als aktualisierte Neuauflage vor. Angesichts eines sich im Umbruch befindlichen Regelwerks liefert sie gewohnt übersichtlich und kompakt Basiswissen und Normeninhalte des Betonbaus für Praxis, Studium und Lehre. Grundlage ist dabei die gemäß Bauregelliste 2015/2 immer noch gültige DIN EN 206-1:2001-07 in Verbindung mit der DIN 1045-2:2008-08 und ihren Änderungen. Weiterhin werden die Änderungen durch die DIN EN 13670 mit den zugehörigen Anwendungsregeln der neuen DIN 1045-3 sowie die Neufassung der DIN EN 1992 und ihrer Nationalen Anhänge (EC 2) berücksichtigt.

Beton – Herstellung nach Norm
Autoren: Roland Pickhardt, Thomas Bose, Wolfgang Schäfer
IZB (Hrsg.), 103 S.,
Verlag Bau+Technik,
Düsseldorf 2016
ISBN 978-3-7640-0595-5
€ 24,80

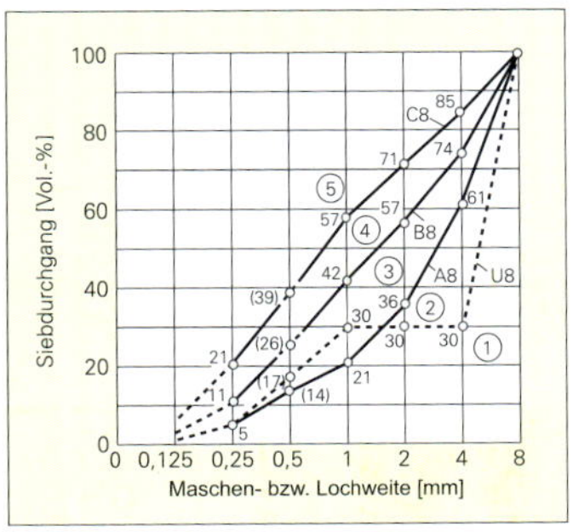

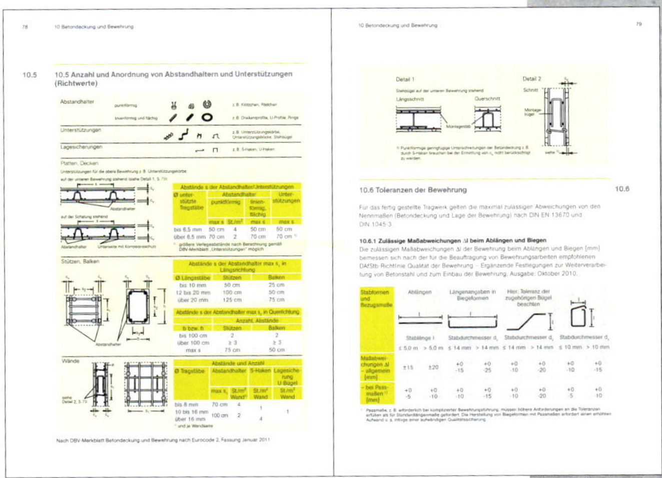

Hilfen für die Praxis

Wer auf den Baustoff Beton setzt, benötigt eine Vielzahl stets aktueller Fachinformationen. Sie legen den Grundstein für qualitativ hochwertiges Bauen mit Beton. Das IZB bietet dabei Unterstützung. Zum Beispiel mit dem „Bauteilkatalog“ als Planungshilfe für dauerhafte Betonbauteile. Oder mit dem 2016 neu aufgelegten Buch zum Thema „Technik des Sichtbetons“.

Der Betonshop im Internet versammelt die wichtigsten Publikationen zum Baustoff Beton. Fachplaner und Bauausführende werden hier ebenso fündig wie Architekten und Bauherren.

www.betonshop.de

Veranstaltungen stets aktuell

Das gesammelte Online-Wissen zu Beton stellt die deutsche Zement- und Betonindustrie unter www.beton.org für Sie zum Nachschlagen bereit. Dort finden Sie auch ausführliche Informationen zum Seminarprogramm des InformationsZentrums Beton, das alle Interessenten auf den aktuellen Stand der Betontechnik bringt. Bundesweit. Kompetent. Zuverlässig. Alle Termine unter www.beton.org/aktuell/veranstaltungen/